建筑数字技术系列教材

InfraWorks 从入门到精通

刘帮　刘荣旭　主编

中国建筑工业出版社

图书在版编目（CIP）数据

InfraWorks从入门到精通 / 刘帮，刘荣旭主编. —北京：中国建筑工业出版社，2020.8

建筑数字技术系列教材

ISBN 978-7-112-25373-9

Ⅰ.①I… Ⅱ.①刘… ②刘… Ⅲ.①建筑设计—计算机辅助设计—应用软件—教材 Ⅳ.① TU201.4

中国版本图书馆 CIP 数据核字（2020）第 150455 号

本书共分为十课，分别是：InfraWorks的BIM特性和BIM协同管理平台；InfraWorks功能与基本界面介绍；创建、管理和分析基础设施模型；设计、查看和建造道路；设计、查看和建造桥梁、隧道；设计、查看和建造排水系统；设置和使用工具；样式表达器；定义道路、桥梁、隧道样式；数据交互与工程应用实践。本书侧重于实践，详细地介绍了软件的操作步骤，并且都附有具体的案例，让读者可以零基础快速学会InfraWorks。

本书可作为在校学生和工程技术人员学习InfraWorks软件的教材。

需要本书的配套课件请加qq群：913160136。

责任编辑：陈　桦
文字编辑：胡欣蕊
责任校对：张　颖

建筑数字技术系列教材
InfraWorks 从入门到精通
刘帮　刘荣旭　主编
*
中国建筑工业出版社出版、发行（北京海淀三里河路9号）
各地新华书店、建筑书店经销
北京点击世代文化传媒有限公司制版
北京市密东印刷有限公司印刷
*
开本：787 毫米 ×1092 毫米　1/16　印张：12½　字数：262 千字
2020 年 12 月第一版　2020 年 12 月第一次印刷
定价：39.00元（赠课件）
ISBN 978-7-112-25373-9
　　（36316）

本书编审委会

主　编　　刘　帮　刘荣旭

编　委　　幸厚冰　张　星　陈家明
　　　　　　　汪大庆　屈振华　林国毅

主　审　　尹越罗兰

序　言

科学技术是我国第一生产力，随着智能化、数字化、信息化的进一步发展，我国土木工程行业正在慢慢走向技术深化变革中。

习近平总书记在 2019 年新年贺词当中提出：这一年，中国制造、中国创造、中国建造共同发力。这是我国首次提出"中国建造"的理念。"中国建造"离不开整个工程行业，该理念也进一步推动整个土木工程行业的进步。同时，"一带一路"的推进也给"中国建造"带来更多的机会。

信息化不是唯一的道路，但是是大势所趋的道路。在全球进入信息化的背景下，信息化技术已经改变很多行业，土木工程行业也不可避免地受到了极大地改变。BIM 技术作为信息化技术中的一项先进技术管理手段，现在被越来越多的工程技术人员接触并且使用。

InfarWorks 是一款优秀的基础设施软件，通过真实地理数据生成城市交通模型，来进行真实的项目信息模型管理。本书由三部分内容组成，第一部分是关于理论的介绍。使读者明白该软件要达到什么应用目标、如何达到这个目标。第二部分内容是基本功能介绍，介绍 InfarWorks 每一个功能键。第三部分是一些工程实践介绍。InfarWorks 应用功能均能体现 BIM 技术协同、高效、参数化等特点。

BIM 技术的应用是土木工程行业信息化的重要手段，同时也是土木工程行业数字化的重要途径。本书的编写，旨在通过介绍 BIM 协同软件，让更多的工程技术人员接触 BIM 技术，特别是在基础设施行业的从业人员。通过 InfraWorks 可以整合整个基础设施项目 BIM 数据，做到信息指导施工、引领施工。希望本书能给更多同行人员带来思考，也希望能推动 BIM 技术在施工阶段的应用。

上海益埃毕集团总裁

杨新新

前　言

现在已经进入到信息化时代，随着我国土木行业的发展，该行业也越来越重视与信息化技术融合，当前 BIM 技术在工业与民用建筑项目中应用较多，而在基础设施项目中的应用较少，主要是由于基础设施项目的特殊性。InfraWorks 是一款优秀的分析优化软件，在工业与民用建筑项目也可以进行一些应用。不过目前主要还是基础设施方面的应用。

本书前两章主要是结合 InfraWorks 介绍 BIM 理论知识，其中也介绍 InfraWorks 主界面和操作界面一些常用的功能，为了进一步区分 BIM 技术和 BIM 技术管理，对 BIM 协同管理平台也做了详细介绍。BIM 协同管理平台是以后 BIM 发展的一个方向，这里主要是针对进度、质量、安全、材料、模型、资金管理进行详细说明。以方便读者朋友们后续在接触 BIM 协同管理平台时有一个认识。

第 3 章到第 7 章主要是根据 InfraWorks 的界面功能顺序分别介绍分析"道路""桥梁""隧道""管网""实用工具"的功能和操作步骤，进一步让读者朋友们对 InfraWorks 的功能和操作有一个整体的认识。每一个功能键书中都进行了统一介绍，InfraWorks 操作简单是因为大多数功能不需要多个功能键相互配合，后面有些需要多个功能键相互配合的情况也进行了详细操作步骤介绍。还有一些功能键是重复的，这是为了方便在进行逻辑操作的时候，即使忘记下一步操作，功能键作用也是一样的使用。

第 8 章就是专门介绍样式表达器，样式表达器是一个非常特殊的应用，模型的查找、样式、功能都可以通过样式表达器进行编辑，样式表达器主要是为了满足不同项目需求。项目是多变的，特别是基础设施，如果没有相应的数据模型或者需要道路样式符合国内规范样式，那么就可以在样式表达器中进行编辑，比如用部件编辑器绘制道路横断面，道路横断面随实际地形环境会有多种变化，而利用部件编辑器就可以编制出任意道路模型。

第 9 章主要是讲解道路、桥梁、隧道样式，这些样式是根据 InfraWorks 自带的模型进行创建。这里只需要注意尺寸和搭配就可以，和样式表达器不一样，样式表达器是创建本来没有的，而本章主要是讲解 InfraWorks 模型的搭配，以适应实际工程道路、桥梁、隧道样式。

第 10 章主要是讲解数据交互和一部分实例。数据交互主要是和 Civil 3D、Navisworks Manage、Sketchup 的数据交互。这种数据交互 BIM 工程师用的也比较多。除了第一个数据交互的流程复杂，后面的可以采用相互认可的格式直接输入或输出即可。之后就是讲解过程实例，InfraWorks 在进行前期规划的时候还是非常有用的，在后期就是渲染和展示了。这里主要是在配合 Civil 3D 和 Revit 进行一个工程优化。因为 InfraWorks 无法创建精细的 BIM 模型，而其他可以直接创建。所以将创建好的精细化模型导入到 InfraWorks 中进行进一步细化和优化是应用 BIM 技术的总体思路。

本书可以作为工程技术人员接触 InfraWorks 的基础学习教程，BIM 技术应用从来不是一个软硬件解决的，所以这里在诸多介绍中没有进行更深的研究，只是给各位读者抛砖引玉。希望在学习的时候尽量带着专业知识去研究该项应用，这样就会受益匪浅。InfraWorks 操作思路比较简单，重要的是如何利用所学的专业知识结合优化报告做出正确、合理的项目选择。

本书在编写过程中，感谢我家人的支持与帮助，感谢中建四局贵州投资建设有限公司领导、同事以及杭州三才工程管理咨询公司虞国明、朱国亚，重庆建工集团股份有限公司设计研究院的向孜凯、重庆三峡学院的吴恒滨老师、重庆工程职业技术学院陈杨老师的专业指导和帮助。由于编者水平有限，时间仓促，书中难免有错误的地方，恳请各位读者朋友不吝赐教。请通过邮箱 JJ52014JJ@163.com 与我们联系。我们将会第一时间进行回复和解答。

祝各位读者朋友们阅读快乐，也希望这本书能给读者朋友们带来快乐。

目　录

第 1 章　InfraWorks 的 BIM 特性和 BIM 协同管理平台

　　BIM 技术最重要的就是信息，其次是三维，现在 BIM 发展势头十分火热，大家也陆陆续续知道其中的一些特性，本章主要是结合 InfraWorks 介绍一些 BIM 特性，对 BIM 本来就所属的重要特性许多书籍已经做了详细地介绍，这里就不再做介绍。

1.1　InfraWorks 的 BIM 特性

1. 可视化

　　在 InfraWorks 中可视化表现十分明显，主要体现在两个表示方面，一方面是非常直观的要素模型，直接看出各种数据信息。另外一方面表现在 InfraWorks 出具的优化报告，十分详细和清楚。通过这两方面可以将 BIM 可视化特性发挥到极致，通过模型操作者可以查看数据的合理性，比如变坡点、缓和曲线、圆曲线等设置是否合理，通过模型结构操作者可以知道该处材质、结构是否合理。虽然在 InfraWorks 中结构没有 Revit 和 Civil 3D 创建的结构如此细致和精确，但是 InfraWorks 本来就是进行方案前的设计，操作者根据大致的模型，得出大致的结果，为操作者实际决策提供强力理论支持。而 Revit 和 Civil 3D 是进行细致设计，指导 BIM 全周期的模型。简单来说就是 InfraWorks 是确定哪里建桥、建隧道、建路，而 Revit 和 Civil 3D 是对已经设计好的隧道和桥梁，进行出施工图的设计。所以两者是相互配合的软件。

　　InfraWorks 在可视化方面是整体性的，比如桥梁优化主要是分析该桥梁是否满足结构设计，如果桩基受力不合适或者桥墩受力不合适就会在桥梁优化中进行说明。这里只是考虑桥梁结构，没有考虑其他施工条件、成本条件等。因为 InfraWorks 主要是能够快速做出合理的方案选择。所以只会考虑最重要的部分。

　　BIM 可视化就是要让各方对该处的信息做到一目了然，如图 1-1 所示。InfraWorks 是通过材质、成本做一个大致的区别。后续再利用其他软件来进行后续的工作。这个也是在 1.2 协调性里面将会强调的，从 BIM 是贯通整个建筑生命周期这一特点来说，说明数据交互、数据流通、协调性就是需要解决的问题。这些问题也不是一个软件能够一次解决的，而是要充分发挥各自的优点，这样才能保证 BIM 技术的合理性。

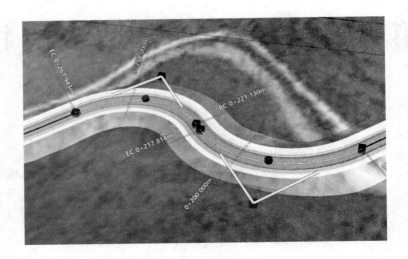

图 1-1 InfraWorks 可视化

2. 优化性

BIM 技术的优化性是指通过计算机技术对各种方案进行优化，因为传统在图纸上面设计完成后，却不结合实际地形建造，那么有些问题永远不会被提前发现，为以防此类状况发生，就可以通过计算机模拟技术对整个设计、施工、运维阶段进行全生命周期模拟，通过不断地模拟发现问题，找出问题所在进行优化。比如我们比较常见的是机电管线优化，就是在计算机上面进行模拟，提前发现管网碰撞、预留孔洞的问题，从而提前进行设计变更，避免了返工的成本。

而 InfraWorks 优化主要是针对规划阶段的优化，比如纵断面优化、道路优化、桥梁线性优化，这些是对创建的要素模型进行优化，可能以前创建一座桥需要大量专业人员参加，而且需要各方面的高级工程师进行严格把关，如果桥梁的问题比较多，这就需要大量的人力和物力，当这里采用 InfraWorks 进行优化的时候，就能提前发现规划设计中存在的一些问题，不论这些问题重要与否，把提出的这些问题进行改进，减少问题，再进行后续的步骤，之后不管是评审还是提交给下一环节，都会大大节约时间和人力。

而且 InfraWorks 优化分析报告十分详细，比如道路优化会进行纵断面、横断面、平面图的分析，如图 1-2、图 1-3 所示。对于施工所需要考虑的土方因素也会一并考虑。这大大减轻专业人士计算的工作量，因为 BIM 软件都是动态化管理，所以在进行调整的时候，马上就能出现优化报告，每个优化报告都可以出具一个新的方案设计要素模型，方便操作者在三维空间里面查看，有利于操作者快速做出决策。优化的不仅仅是数字还有模型，让操作者知道自己哪些地方做得有问题，或者哪些地方没有考虑周全。

所以 InfraWorks 在做前期优化方案对比选择的时候能起到很大的作用，对于操作者专业性的要求降低，发挥操作者的优点。哪怕是非设计人员，也可以进行方案的规划，比如施工人员能够进行便道设计方案的选择。

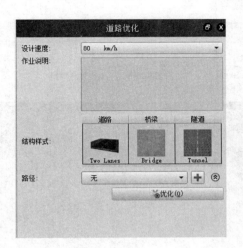

图 1-2　道路优化设置（左）
图 1-3　道路优化分析报告
（右）

该软件操作简单、专业性低，结果显示清晰易懂。这也响应了另外一个 BIM 特点，就是专业性的特性。后面将会对专业性特点进行详细说明。

3. 协调性

协调性即是协同，协同是 BIM 技术里面的一大重点，包括后面重点讲解的 BIM 协同管理平台，也是在一个平台里将所有的数据进行整合，方便一个平台里面的数据进行交互。协同性需要打通横向和纵向的各项数据流通。横向是指各项软件不同格式之间的数据流通，目前没有一种流通的软件可以接受所有平台的数据格式，现在比较主流的思想是通过 IFC 数据进行数据格式互通，IFC 是由资源层、框架层、共享层、领域层共同组成，每一个层次有不同的组织结构，而且一层的数据只能用本层和下层的数据，上层的数据不能进行引用，这就说明只要上面层次保持不动，那么不管数据有多少格式，上层保持一样就不会出现任何问题。如果各软件制造商都采用这一标准，即保持上层数据结构层一致，而所属的下层各制造商可以根据实际情况进行开发就能保住数据的流通性。只要软件数据打通，就打通纵向流通，不管是业主、设计方、运维方、施工方等各方都可以用同一个模型进行不同阶段的应用。

前文也介绍过，InfraWorks 无法创建细致的模型，更多的是做优化，如果想优化得十分细致，就需要创建精确的路线走向，比如在 Civil 3D 先创建好道路，然后导入 InfraWorks 中进行细致化优化，那么结果将会更加精准。InfraWorks 提供多种数据格式兼容就是为了方便操作者进行数据交互，比如工程人员熟知的 CAD 格式、三维模型数据格式等。可以把 InfraWorks 理解为一个小型数据处理器，将各种数据导入到这个平台进行各种优化处理，并对导入的模型进行数据调整和修复，如图 1-4 所示。

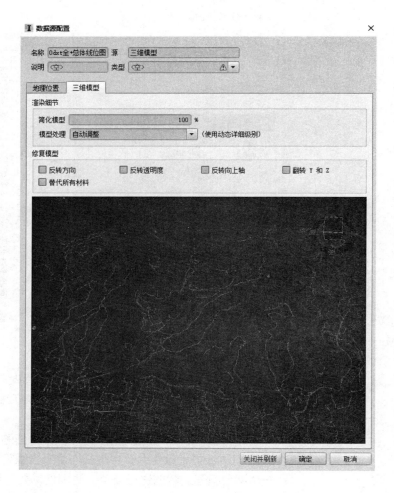

图 1-4 数据配置

　　不过在实际的过程中，操作者也不一定会十分的顺利，虽然接口数据解决了，但是数据的本质没有解决，即数据在流通的时候会造成一定的数据丢失，这个就是数据为了符合另外一个非创造自身格式的软件而产生的一定丢失。就比如操作者在进行渲染的时候会发现有些地方闪得特别厉害，但是为什么在创建模型的时候没有注意到，直到导入到其他平台才发现。数据导入可以在其他的软件平台进行显示是一回事，但是进行编辑又是另外一回事。所以真正的数据交互还是没有打通。从长远来看后续还是需要IFC 数据标准来统一数据格式，实现真正的数据交互。

　　协同性还体现在人员。相信大家都有这样的感触，在和一名专业人士讨论工程技术问题的时候，讨论的主体容易产生歧义，例如我明明和你说桥墩，你却和我说支座，或者我们在说 6 号支座，你却说的是 5 号支座。如果利用 BIM 技术的协同性就不会出现这样的问题，把模型打开，定位到这一点，然后就可以看出这一点的问题。根据这一点的问题展开讨论，特别是开生产例会的时候，根据模型来进行上周生产任务的讨论和下周生产任务的分配，使每个参会人清晰明了。同时这对于刚到现场的施工员也是有很大的帮助，快速知道每一个构件代表的是什么，更好地实现现场生产任务的管理。

4. 模拟性

BIM 的模拟和计算机模拟有类似也有不同，相同的是在计算机上面进行模拟，不同的是模拟的方向不一样。比如城市交通模拟在计算机模拟技术里面已经发展得很成熟，但是土木工程的模拟还在初级阶段，土木工程的模拟发展慢主要是因为电脑软硬件要求高、专业人士要求高，在流量没有无限制的时候，APP 很难发展起来。同样，因为电脑软硬件没有发展起来，BIM 技术在土木工程中的模拟应用也很难发展。目前，特别是对于小公司、小项目配备专业的 BIM 软硬件是一笔很大的开销，而且利润方面无法保证马上得到回报。

BIM 的模拟性是贯通整个生命周期的，创建的任何一个要素模型都可以进行模拟，在设计阶段的模拟主要是指方案的模拟，在施工阶段的模拟主要是指施工方案的模拟，在运维阶段的模拟则主要是逃生、灾害模拟。操作者由模拟即可提前做好各项安排，而不是单凭经验、凭理论知识做出判断，能够切切实实落到实处，使各项工作的安排更有前瞻性。操作者通过数据来说话，一切工作围绕数据进行开展，更加有说服力和可信度。

InfraWorks 的模拟性可以说是有许多种类的，方案模拟、太阳模拟、成本模拟，与其他 BIM 软件有共同点，这也是模拟的一大特性，任何可以进行猜想的事情，都可以在计算机中进行模拟，不过为了模拟的可靠性就需要操作者在进行数据模拟的时候，提前采集前期工程实际数据，比如需要分析简支 T 梁，就无需去分析工字钢桥梁，又或者说要去分析跨度为30m 的 T 梁，而不是去分析跨度为 40m 的 T 梁。

整体来说 InfraWorks 模拟性是十分强大的，所有工程建造软件都具有模拟性，工程技术人员都是靠计算机模拟技术进行各项模拟，然后根据模拟结果做出实际选择，这一过程已经发展很多年了，目前来说相对比较成熟。目前不成熟的地方是该软件模拟性没有与现场实际情况很好地结合，有些模拟是考虑在最理想的状态进行分析的。而在实际工作开展的时候会遇到各种困难，这也说明各种模拟分析都是存在不合适的地方，还是需要人员参与分析，借鉴分析结果。

有些景观模拟，可以根据模拟直接下结论，比如在进行交叉口模拟的时候，如图 1-5 所示，根据该处模型，可以选出是否设置圆形交叉口还是其他交叉口。而且在建筑物没有建成的情况下，要想知道当地建筑是否和景观协调的时候计算机模拟也可以直接得出结论，这是一个优势。所以对于模拟性一定要不同问题不同分析，具体的问题具体对待，不能一概而论，这也是 BIM 技术特点的重要之处，BIM 技术先是一种技术手段，然后才是一种管理手段。BIM 技术不能够解决所有问题，但能够促进操作者做出更好的选择。

5. 参数化性

参数化是一个很特别的存在，这里谈到参数化就不得不谈一谈 Revit 里面的族，在 Revit 里进行创建 BIM 项目的时候，因为项目不同。但是项目的一部分构筑物是类似的，这就需要创建很多族，来实现一个构件从一个

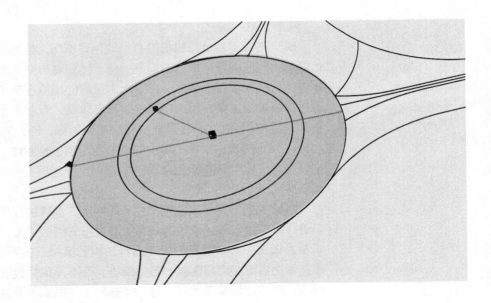

图 1-5　道路交叉口模拟

项目到另外一个项目，所以操作者需要经常查询族。同时，在进行 BIM 建模作业时，需要涉及多专业协同，所以统一、规范的族命名是非常重要的，而且族命名不能太复杂，后期进行构件检索和统计工作量十分巨大，操作者的工作效率是首位的，标准的族构件命名可以使各参建者方便查找构件与之对应的信息文档。在 Revit 族里面需要注意的一方面是命名，另一方面就是参数化。命名是为了方便查找和修改，如果命名太复杂则不知道如何查找，也不知道这个参数是如何进行控制的。所以在讲解参数化之前一定要先讲命名。对于大方向的命名，建议加入专业和内容，比如结构基础（层名 + 内容 + 尺寸，例如：B06- 基础筏板 -600），具体格式，如图 1-6 所示。

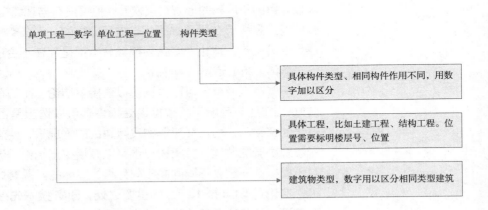

图 1-6　族主体命名

在进行约束的时候，对族的控制就是对参数化的控制。进行约束的地方就是对其进行参数化控制。在对族进行参数化管理的时候，命名后，并不是直接对其进行的约束越多越好。约束过多就会造成约束过度，约束过少就会对参数化不好处理。所以进行约束的时候应当按照一定的规则进行设置，如图 1-7 所示。

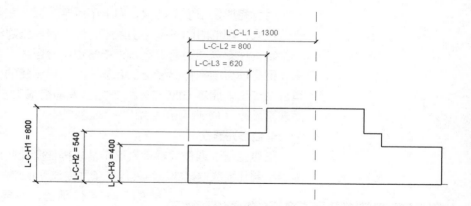

图 1-7　约束命名

在 InfraWorks 中参数化也体现在很细致的方面，比如对于桥梁桩基、桥墩等处的设置：长度、宽度、深度、纵向行、横向行、桩长度、直径等，这些都是参数化设置，如图 1-8 所示。在桥梁和隧道表格化生成方面更将参数化体现得淋漓尽致。在导出的表格里面直接修改数据，要素模型就可以直接进行修改，只需要保存 CSV 文件，要素模型就可以直接修改。

桥梁	≡ 📌
桥梁 1	
5 ＞ 桥梁 1	
桥墩数目	
支座	**∧**
左偏移	0.0 m
右偏移	0.0 m
间距	0.0 m
圆支座	● ○
高度	0.1 m
宽度	0.4 m
深度	0.4 m
底板高度	0.04 m ✎
底板宽度	0.5 m
底板深度 1	0.25 m
底板深度 2	0.25 m
砌体板高度	0.04 m
砌体板宽度	0.5 m
砌体板深度 1	0.25 m
砌体板深度 2	0.25 m

图 1-8　InfraWorks 桥梁支座参数化

为什么参数化这么重要呢，因为建模只是 BIM 的一部分工作，建模过程就类似于贴标签，这是第一步，也是我们需要花时间最少的一个步骤，因为真正重要的是模型应用，如果各个子结构都有族，那么在创建模型的时候就好像搭积木的过程，只需要根据图纸修改模型尺寸即可，大大节约了人力和物力。通常来说，项目上对于进度要求一向很高，有的项目要求一个月就完成全部模型创建，如果不用族，那么在创建的时候工作量将会十分巨大。哪怕时间不是特别紧张，操作者在创建结构柱时不采用族，每一个结构柱都需要重新绘制，工作量也十分巨大。有的时候模型还没有出来，但是项目结构物已经施工完成，所以再创建的模型就对施工的作用没有那么突出。原本 BIM 技术就是为了提前给施工方提供强有力的前瞻性，而现阶段的 BIM 应用价值就没有那么突出。

6. 信息完整性

信息完整性通俗地解释是这个信息操作者能知道是从哪里来的，将来能导出哪几种数据格式进行使用。前面提过 InfraWorks 可以充当一个小型的 BIM 工作平台，主要是考虑 InfraWorks 可以实现多种数据交互。相当于一个数据交互的基点。这里考虑了一种数据导入和导出，但是还有一种特别重要的思路，比如利用 Revit 创建城市交通设施时，需要多种模型，哪怕是导入到第三方中模型也不够，这就要求我们利用这个基点，通过谷歌模型中的三维模型，导入 InfraWorks 中然后再导入到 Revit 中实现闭合的数据交互。InfraWorks 可以直接导入三维模型，该格式使得 Revit 中可以打开，而且这种格式在一些渲染软件中也可以打开，比如 Lumion。

所以这里的数据完整性考虑的是模型数据之间的流动，InfraWorks 在这方面具有强大的功能，可以整合多个数据格式。后面将会进一步讲解 BIM 平台和 InfraWorks 之间的差别。这些是从总体的角度来看，如果单从一个模型上来说，通常会分阶段，比如在设计阶段，需要给这个模型注入哪些信息，这些信息包括模型名称、结构类型、相关性能、相关用处、相关材料、施工工艺、施工顺序等设计阶段的信息。如果是在施工阶段，那包含的内容就更丰富了，比如工序、进度、成本、材料、质量、安全、人力、机械、资料等一系列施工信息。如果是运维阶段，则有管理、安全、生产、性能等运维信息。这些信息在 BIM 里面并不是没有规则的，而是非常有顺序的，不仅是时间顺序，还有逻辑关系，所以工序信息这些不能错，因为这些信息和模型是密切关联的。当鼠标点击模型任何一个位置的时候，就会出现各种信息，然后由用户决定查看哪种信息，就好比在运用 InfraWorks 进行图形绘制的时候，每一个要素模型都有一个特性，如图 1-9 所示。

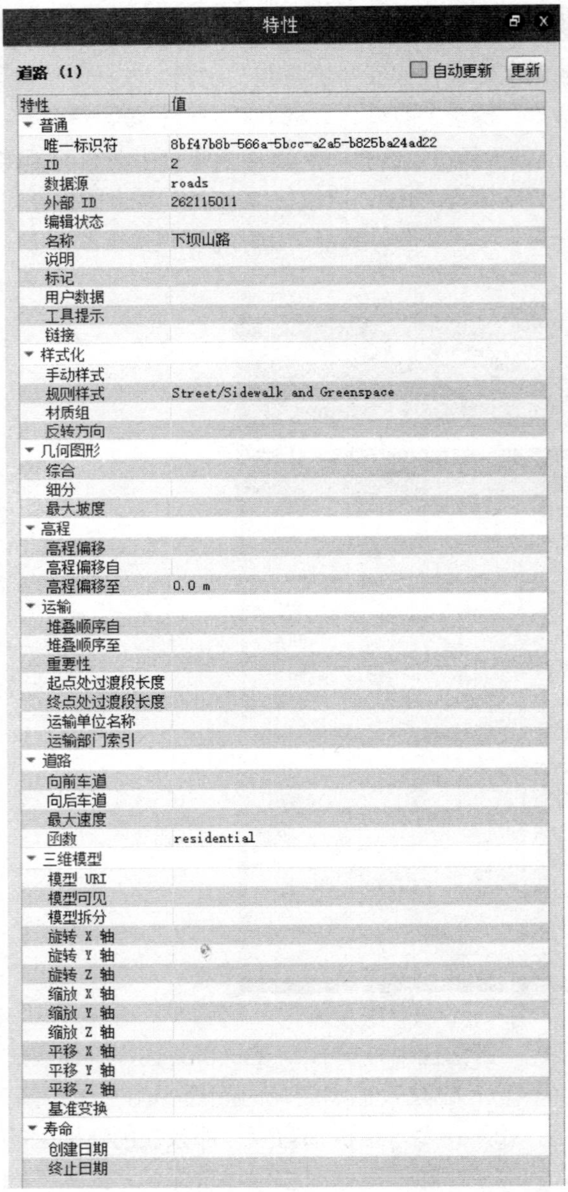

特性	值
▼ 普通	
唯一标识符	8bf47b8b-566a-5bcc-a2a5-b825ba24ad22
ID	2
数据源	roads
外部 ID	262115011
编辑状态	
名称	下坝山路
说明	
标记	
用户数据	
工具提示	
链接	
▼ 样式化	
手动样式	
规则样式	Street/Sidewalk and Greenspace
材质组	
反转方向	
▼ 几何图形	
综合	
细分	
最大坡度	
▼ 高程	
高程偏移	
高程偏移自	
高程偏移至	0.0 m
▼ 运输	
堆叠顺序自	
堆叠顺序至	
重要性	
起点处过渡段长度	
终点处过渡段长度	
运输单位名称	
运输部门索引	
▼ 道路	
向前车道	
向后车道	
最大速度	
函数	residential
▼ 三维模型	
模型 URI	
模型可见	
模型拆分	
旋转 X 轴	
旋转 Y 轴	
旋转 Z 轴	
缩放 X 轴	
缩放 Y 轴	
缩放 Z 轴	
平移 X 轴	
平移 Y 轴	
平移 Z 轴	
基准变换	
▼ 寿命	
创建日期	
终止日期	

道路(1)　☐自动更新　更新

图 1-9　模型特性

7. 出图性

InfraWorks 主要是进行规划和前期的一些分析，但该软件不能够直接出图，因此需要对其功能定位进行说明。在 BIM 技术特点里面出图一直是受到很大的争议，因为 CAD 出图效率比较高，而其他的 BIM 软件始终存在效率低的问题。虽然 CAD 出图效率高，可缺少动态性，BIM 软件出的图动态性比较高，并且一个面进行修改后，其他面全部自动进行调整，如图 1-10、图 1-11 所示。

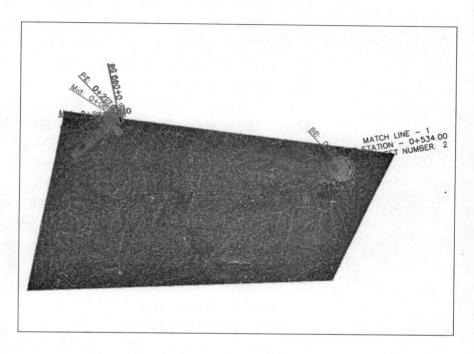

图 1-10　Civil 3D 图纸出具

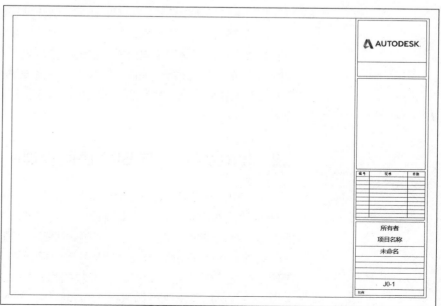

图 1-11　Revit 出具图纸

8. 降低专业性

BIM 技术还有一大优势就是能够降低操作者所需的专业性。随着社会的发展，我国也从劳动密集型慢慢开始转型，以后工地上工人、工程师等会大量减少。那么如何在人少、专业知识缺乏的情况下还能管好工地，这就需要利用 BIM 技术的专业性。BIM 技术的可视化、优化性、工程量清单等一系列作用其实都是在为最大限度减少人工这一点铺路。比如可视化三维，把一切结构、数据、模型全部提供给施工方，施工方只需要照着施工就行，不会存在图纸看错、看不懂图纸等情况，就这一点已经很受工程技术人员和刚毕业的大学生喜欢了。工程师再也不用一遍一遍翻图纸，查找各项图纸数据。其他的人工、材料这些就是直接从一个地方链接到另外一个地方，大大减少施工人员的工作量，降低施工人员的压力，特别是对于没有大量实际工作经验的人员。

在 InfraWorks 中不管是创建桥梁模型还是出具优化报告，操作者所需的专业性都得到很大幅度的降低。例如桥梁优化报告虽然是全英文的，但是整篇报告是在验证桥梁的结构性是否合理，即使英文水平不佳，无法理解其文字内容，报告里有最直观的要素模型显示，通过颜色区分哪个梁不合理，哪里存在很大的风险，再也不用非常专业的结构工程师来审核桥梁的合理性。至少在设计前期就不会设计出非常不合理的桥梁结构，避免一些低级错误。本来 BIM 技术就是为了让管理者更加容易管理，那么对于技术的要求就不会很高。如果对于技术要求很高，那么管理起来也就很难。

随着大数据、智能化、物联网的进一步发展，未来的工地不需要大量的人力，可以把一些事情交给机器人来做。这也是国家的发展方向，降低门槛才能节省人力，更方便管理。

降低"专业性"不代表降低对工程技术人员专业知识的要求，只降低了对于实际经验"专业性"的要求。在使用 BIM 技术的过程中，要更加重视专业知识，如果没有扎实的专业知识，就无法正确地在计算机上面进行模拟。也无法和其他工程技术人员沟通解决办法。虽然降低操作者对于实际经验的专业要求，但是对工程技术人员的要求反而进一步提高了。特别是对于项目未开动，技术先行的项目，对技术要求需要进一步提高。现在随着项目前瞻性要求越来越高，就愈加要求工程技术人员对专业知识的牢固。

1.2　InfraWorks 与 BIM 协同管理平台

BIM 协同管理平台是集合所有数据资源进行统一管理的平台，一般来说 BIM 协同管理平台中的质量管理、安全管理、进度管理、资料管理、数据管理、会议管理、成本管理、试验管理等一切与项目相关的管理均可以进行设置。InfraWorks 与 BIM 协同管理平台的区别在于 InfraWorks 在管理上面更多的是数据管理，一种数据格式导入到 InfraWorks 中，进行坐标设置，然后导出来进行其他方面的应用。而 BIM 协同管理平台是通过编程语言进行管理，从管理角度而言两者有本质的区别。两者类似的地方在于管理和模型关联方面。InfraWorks 的管理是对数据的管理，BIM 协同管理平台的管理是对整个工程项目的管理。模型关联是指 InfraWorks 可以将规划阶段的相关信息与模型相关联。而 BIM 协同管理平台可以将整个施工阶段的各种信息均和模型关联，其他阶段的数据也可以关联。

1. 模型管理

BIM 协同管理平台的模型一般是采用欧特克、奔特力、达索建模平台进行创建，然后再导入 BIM 协同管理平台。一般房建项目的 BIM 协同管理平台支持 RVT 格式，基础设施项目支持奔特力格式，当然因为 BIM 管理平台是通过开发形成的，数据接口可以根据业主要求进行调整。整个 BIM 协同管理平台的所有功能都是可以根据业主或者项目实际需求进行调整。

BIM 协同管理平台里面模型主要是和各种信息关联，所有现场施工数据都可以在模型上面显示，而不是简简单单的出工程量、进行展示，这些模型应用是能够真正和项目实际关联指导施工的。目前中国几乎每个项目都在使用 BIM 技术，只是有的项目是使用了其中的单个软件，有的则是 BIM 协同管理平台综合使用。中国积累了丰富的实操经验，自然比其他国家领先，这也是我国几乎每年都能在国际上拿 BIM 大赛施工奖的原因之一。

所以 BIM 模型在 BIM 协同管理平台更多的是一种管理方式，而在单个软件上面，操作者更多的是对模型进行一些实际应用，应用还停留在基础的技术阶段，没有上升到管理阶段。BIM 协同管理平台的模型需要上传到网上，而且体量特别大，在每次登录时需要下载，查看时还需要下载查看插件。如果是一般的电脑，网速很慢，模型打开也慢。但是在 BIM 协同管理平台进行查看模型的时候可以进行一些基础物理操作，比如坐标、长度、高度、侧距离、剖切等。

当 BIM 协同管理平台和 GIS 联合时，坐标就可以采用实际施工坐标，如果没有则可以输入一个固定的坐标系进行管理，但基于实际位置不能够找到该模型。在模型物理操作的时候也可以和 InfraWorks 一样使用灯光、太阳等一些自然景观。模型实体其实也是和 InfraWorks 一样，一般大型项目才采用 BIM 协同管理平台，这样项目的体量就特别大，如果按照 LOD400 的精度进行模型创建后，基本上一般的电脑打不开，就算打开，网速也跟不上。所以在查看模型的时候可能该处模型只显示成二维图像。因为使用 BIM 协同管理平台的模型更多的在于其显示作用，而不是其他的一些作用。对于钢筋 BIM 模型肯定会单独创建模型进行工程量和三维技术交底。

在 BIM 协同管理平台里面模型更加注重的是一种关联，而不是单个 BIM 应用。单个应用另外创建 BIM 模型就可以，比如临时场地布置，采用专业场部和草图大师进行设置，之后导入到 BIM 协同管理平台进行显示，然后传递到各生产口进行施工即可。所以 BIM 协同管理平台更重视的是一种资源整合。

2. 成本管理

成本对于施工行业的意义非常重大，不同于设计院行业，有工程师和电脑即可出成果，成本相对较低，而成果利润较高。施工行业因为材料和机械费占成本的很大一部分，所以 BIM 技术应用必须包含成本管理应用。

1）所有签发、中期计量、报账实现网络透明化。以前工程技术人员找监理、业主签字都需要亲自跑一趟，但如果没有提前联系好，特别是遇到一些客观因素如信号不好，负责人不在岗等原因，就会导致需要耗费大量精力在签字流程上。但是如果走线上流程就不存在此类问题，可以将计量资料扫描后上传到平台，然后一步一步地走流程，每个人使用配发的电子签名进行确认，只要有网在任何地方都只用点击即可马上完成审核，整个过程透明，也能清楚地显示每个审核意见，大大提高了工作效率。每一笔通过计量的数据都会在 BIM 模型上面进行显示，这样就能掌握已完工的结构工程里面，哪些是已经完成计量，哪些是未完成计量，通过模型查看就很直观，而不用去打听每一个数据。过程透明，也经得起各审计部门的审查，而不像以前用纸质资料。用纸质资料审核麻烦的原因有两方面，一方面是不好快速找到所需资料，另一方面是资料归档，特别是高速公路资料，不仅数量多，而且种类多，需要从开工初期就一直慢慢整理，后期在进行资料交付的时候才会比较游刃有余。如果一开始资料就没有很好地归档，那么后期将会投入大量物力和人力进行修改和调整。这里体现了 BIM 协同管理平台的优越性，能够在无纸化办公的情况下得以实现。因为 BIM 协同管理平台是通过网址直接登录，那么在任何地方直接登录该地址就可以处理好该审查。

2）分类明确。不仅仅是上报资料分类明确，审完核实后的资料也能够自动归档，从来不用担心该资料丢失或者找不到，这些资料可以根据 BIM 协同管理平台进行归档接口设置，不同的项目对资料有不同的要求，那就根据实际情况进行设置功能。因为这些资料都是存储在网上，也不可能出现丢失，任何人员需要查看可以根据相应的账号权限直接查看相应的资料。因为已经分类好，所以查看起来也十分方便。当然这些资料也和 BIM 模型关联，在进行模型讨论的时候，可以点击该模型，选择成本资料，立马可以看出该结构物成本资料。哪怕不是专业的人员，只需要知道是哪个部门的结构物点击该处的模型就可以查看。这大大降低了操作者关于实际经验的专业性，而且减少了成本人员的工作量。

BIM 技术在成本里面主要是算量和上文提到的成本管理。以前算量都需要造价工程师投入大量的精力进行计算，如果利用了 BIM 技术，当模型绘制出来后，工程量就已经计算出来了，造价工程师可以在其他方面投入更多的精力和时间，也减少算量的错误。

3）智能化。在 BIM 协同管理平台，当任何资料提交到上一级的时候，对方都会收到一条短信，告知相关事宜，然后登录手机 APP 进行处理。在商务计量这里还有更强大的功能，那就是可以直接通过 APP 下载 BIM 模型，查看要计量部位。注意这里可以打开进度管理，查看相关进度照片，根据进度照片决定是否计量。这里也是为了防止有些分包明明没有完成，却拿来计量。后面将会详细讲解进度管理。

整个成本管理都进入一种高度智能化、透明化的程序，非常方便业主进行管理项目。真正做到不用去项目的现场，而了解项目实际生产进度。而项目经理也可以很好的对各种成本进行把控，防止出现成本不透明、不公开等情况。

3. 安全管理

BIM 技术在安全管理方面需要把它当成一种技术手段，意味着用 BIM 技术去解决安全问题，但是实际情况是安全问题用技术手段解决的是少数，大多数是管理难题，比如怎么布置安全板、怎么设置安装底板，而不是很难解决的安全技术问题。所以在 BIM 协同管理平台里面安全问题得到更好的体现。比如对于各个楼层要设置 1.8m×1.8m 的栏板还是 1.6m×1.6m 的栏板，采用何种颜色，都可以在 BIM 协同管理平台上面进行模拟，结果一目了然，非常有利于决策者做出决定；对于一些安全演练，需要知道从哪一个路线逃生，逃出的人员更多，那么就需要进行安全模拟。如果安全负责人事先进行过各种模拟，那么会更加有利于工作的展开。

安全管理也是和模型绑定在一起的，哪些地方布置安全器械、开销多大、哪些器械全部会和模型关联，在查看的时候，只要点击该模型就可以看到这些信息。这里也可以进一步将安全施工信息输入，比如哪些人负责施工的，什么时候完工的，谁去验收的，是否有组织巡查。这降低了安全部门的工作量，同时也提高了各部门的沟通效率。

4. 质量管理

工程质量管理是工程管理的重中之重，需要从源头开始抓起，特别是对于刚毕业的大学生，去现场管理施工，由于缺乏实战经验，无法将书本中的理论知识与实际相结合，很难直接去现场指导施工。这是传统施工过程存在的一个问题，因此在传统的管理方式里面主要是根据图纸来审核对方是否正确，如果出现疑问就需要询问上级。但是一些施工工艺细节可能设计图上没有详细说明，或者领导也不确定，那就需要自己去查。但是利用 BIM 协同管理平台就没有这个问题，每个人都有一个 APP 账号，登录进去后，点击质量管理，选择相应的结构物，注意这里的结构物都是根据检验批的种类进行分类。可能一个大类是 1 号张家湾大桥，然后就是下部结构、上部结构、桥面层，最后是桩基或者 T 梁。然后选择正在施工的结构物对照看施工工艺。当看到这步施工工艺有不懂的情况可以拍照上传到疑问区，上级领导看到会给予答复。这里不仅仅是施工工艺有疑问可以这样操作，而是每一步施工工艺都可以看到质量检测表，因为在实际施工的过程，一个缺乏实际经验的技术人员很难知道哪些工序是需要报检，如果错过报检，就需要花更多的时间去弥补。所以在工序流程旁边会注明该处是否需要报检，如果需要报检点击进去就有一张表格。这张表格是自动生成的，一键上传到平台，可以直接下载打印。每张工序报检表都有二维码，二维码有两个作用，一个是通过扫描二维码得出该报检表填写模板和填写注意事项，避免填写出现错误。另外一个就是方便查看，二维码同步上传到 BIM 协同管理平台，在查看质量资料的时候，可以直接显示二维码，方便查找相关质检资料。

质量管理同样和 BIM 协同管理的模型关联，哪些地方已经报检了、哪些地方还未报、有哪些资料等一系列信息均在模型上面显示。管理者通过模型可以得出质量管理的进度情况，十分方便领导管理质量工作。

5. 试验管理

试验资料是非常繁多和重要的，特别是高速公路的试验检测资料，一般企业考虑工程质量，是不会将试验检测进行外包的。这也从另外一方面来说明试验检测资料的重要性。

试验检测资料除了之前所述的优点，还有很重要的一点就是检验批是事先已经上传到 BIM 协同管理平台。这里要实现三者的关联，一方面是检验批和模型的关联，明确结构物检验批的结构物，另一方面是检验批与检验资料的关联，已做检验的检验批的资料、未做检验的检验批目前还缺什么资料。这里还有一个关联是进度，因为不知道结构物施工到哪个部位，什么时候去实验室取样，什么时候去检测。这样平台就实现了三者关联。

每次做完试验报告后，都需要将试验资料上传到平台，进行归类和整理。这里的纸质资料也是需要整理的，可以按照 BIM 协同管理平台的分类规范进行整理。这里也可以按照自身的分类要求进行归档，建议采用相同的分类方式，因为 BIM 协同管理平台的资料储存在网络上，因此不会丢失、不会乱，但是现场的资料有可能因为一些原因找不到，但也可以很快从 BIM 协同管理平台里面下载，打印补充到实际资料里面。

6. 进度管理

BIM 协同管理平台的进度管理是非常先进的管理方式，在模型创建好了后，施工进度肯定和模型相关联，这里有两种处理方式，一种是按照正常工期，业主没有额外提要求，那么可以根据模型直接生成进度计划，这个就是常说的 4D、5D。简单来说三维模型加上材料就是 4D，再加上进度就是 5D。另外一种是业主对工期提出要求。那么可以利用 BIM 模型生成进度，排好进度后，再与 BIM 模型相关联。比如这里可以采用 Microsoft Project 排好进度计划后，导入到 BIM 协同管理平台与 BIM 模型相关联。Microsoft Project 是一款专业的进度软件，不过现在国内也推出很多绘制横道图或网络图的专业软件，目前市面上有可以直接将横道图转成网络图的软件，但是在 BIM 协同管理平台，一般没有设置网络图和 BIM 模型相关联，这里主要是工序在质量管理中已经进行过定义，对于网络图能够表现逻辑性这点，BIM 协同管理平台已经通过其他方式来表现。一般是将 BIM 协同管理平台和横道图关联，当然这里可以根据实际需求进行选择，开发多余的接口或者功能，但是最好提前选择，好在 BIM 协同管理平台留了数据接口。

BIM 协同管理平台的进度生成之后，这里还有一个很重要的事情，那就是怎么和现场关联起来，不能只看进度计划。这里就需要每天对现场拍照和录像，然后上传到 BIM 协同管理平台，系统根据每天实际录制的情况，不断调整进度计划。这样才能使进度计划合理，并且最大程度的优化。这里唯一复杂的事情是需要专人每天拍照和录视频，这个看似是增加了工作量，其实不然。如果每天都能看到项目实际动态，上级来进行检查的时间也会减少，因为事先已经通过照片和视频对项目进度有了大致的了解，不会一个地方一个地方的查看，可以选择在照片或录像上面看到的地点，大大节约了检查的时间。而且业主在下整改单后，也可以直接在 BIM 协同管理平台上面查看，不用亲自跑一趟。领导轻松，项目管理员也轻松，这是一个双赢。

进度管理只有和现场实际进度情况有效的结合在一起，才能真正发挥进度的作用，在每次生产例会的时候，对各分包方的进度有很好的掌握，才是真正利用 BIM 技术提高项目的管理方式，提高项目的管理效率。

1.3 BIM 技术与 BIM 技术管理讨论

BIM 技术进入国内已经数十年，目前存在两个问题需要解决，第一个就是发展目标是什么，第二个就是怎么去实现。

发展目标很简单就是为了降低成本提高效率，简称"降本增效"，实现真正的落地。BIM 协同管理平台也是实现该目标的技术手段之一，InfraWorks 也是一个小型的平台，以后各家公司会推出各自的平台，来实现本公司系列产品数据整合化。现在一直提倡的"数字化"就是扩大 BIM 的信息化。所有经过的数据要全部存储在这个平台上，以后都是融合、整合。但是单个应用软件一方面是针对小型项目，另一方面就是单个应用点，比如计算土石方，肯定不会用一个平台去计算，采用南方 CASS 就可以计算。在发展 BIM 协同管理平台的同时不能否定单个 BIM 应用点。只有率先解决 BIM 技术应用点的问题，才能更好地开展 BIM 技术管理。

InfraWorks 数据管理及其他的一些功能是应用技术到平台的过渡，传统的方式中需要操作者根据优化结果进行调整的时候，一方面需要操作者熟悉地形，另一方面需要掌握专业知识。这就需要对操作者的一种管理。如果作为一个经验不足却需要负责整个场地的负责人，恐怕很难胜任。这个管理对于 BIM 协同管理的管理差别还是很大，因为没有和项目实际联系。这个也是后续应该进一步学习的方向。

InfraWorks 为各家行业企业开了一个好头，未来软件发展趋势是整合数据，应用数据，而不是仅仅停留在建模。

第2章 InfraWorks 功能与基本界面介绍

InfraWorks 是一款协同设计软件，主要是面对基础设施板块，附带建筑场地设计等，应用范围比一般建模软件要更广泛、显示效果也更好。可以把该软件作为一个小型的数据处理平台，在数据导入方面，目前支持 3D Modle、Fbx、Dwg 等 16 种数据格式交互，基本上满足市面上同类软件的需求。

经过长时间操作、总结、查找资料，总结该软件具有以下 10 种特点。

1. 数据交互

InfraWorks 支持多达十六种数据交互，特别是对欧特克平台的软件，在交换数据时，丢失率很低，基本可以满足参建各方的要求。同时，模型生成器与世界大部分城市的数据信息也保持紧密联系，非常方便制作出当地十分真实的数据地图、城市信息。对于 BIM 协同管理平台是通过编程语言开发来实现数据接口，成本较高。而对于 InfraWorks 因为是自带的所以在数据管理方面性价比还是比较高的。

2. 快速建模

InfraWorks 能够快速创建不同的道路、桥梁、隧道、市政管网模型，用于不同的方案对比设计。模型虽然无法达到一定的精确程度，但是在做方案比选时，只需要确定一个大概的范围，即可非常方便做出合适的对比选择。在对于高速公路、一级公路、铁路、桥梁、隧道等只需要在平面绘制后就马上生成要素模型，如果事先将道路中桩坐标导入 Civil 3D 生成道路中心线，再导入到 InfraWorks 中根据已经创建好的道路中心线，就能马上生成相应的模型实体，效率十分高。这些生成的要素模型实体类似 Revit 创建的族，可以进行参数化控制，因为这些参数化控制是 InfraWorks 设定的，没有在 Revit 族里面进行用户设定，这会造成在进行修改的时候对参数定义不清楚，以及参数设置过少，无法达到参数化控制的本意了，所以这里与 Revit 族有本质的区别。

3. 分析功能

软件自带道路、结构、管网等一系列数据分析，在创建大致模型后，能够马上对其进行分析，以得出模型是否满足基本条件，降低操作者的"专业性"。当然，默认的分析是采用欧美标准，这里需要操作者提前修改与调整。

分析结果通俗易懂，方便操作者查阅。分析功能更贴近实际工程考虑，更加智能，让操作者把大量的时间花在需要决策的事情上，而不是简单的重复计算、统计上面，大大提高效率。

分析功能是 InfraWorks 极具优势的功能，使得 InfraWorks 创建模型效率高，方便进行后面的优化分析。根据优化结果不断的调整模型，需要不断的创建模型，所以模型创建效率有必要高。分析结果有的虽然是英文，但是专业性很低，不用非常专业的人士来进行讲解。

4. 显示效果好

软件自带的各种构筑物显示效果很好，房屋、车辆等构筑物都有，通过实际效果图来进行展示，非常有利于操作者进行主体构筑物相关的配套工程，有利于汇报、总结、展示。而且可以导入相关构筑物和材质，使模型更加贴近实际生活的物品。

同时，软件可以直接导出效果图、视频，更进一步方便展示的需求。

5. 表达式编辑器

通过数据符号表达式的不断改变，来控制模型，简单来说就是把数字的变化在模型上展示出来，这也是我们常说的 BIM 参数化，通过数据来控制模型。当然这里的表达式编辑器不仅是这个功能，还能够对要素模型创建、显示、查找等进行规则分析，这个有点类似 Revit 里面的公式表达式，也类似 Civil 3D 里面的标签样式，通过实际产生的数据和模型标签连接在一起。数据有变化能在模型上马上表现出来。这里表达式编辑功能比上面的功能更丰富更贴合项目实际情况，后面的章节将会专门讲解表达式编辑器。

6. 专业术语

InfraWorks 专业术语更贴合工程实际用语，方便工程师操作，也减少沟通上的成本。尺寸单位与国内的尺寸单位相同，方便操作者做深入分析与应用。

而且该软件具有十分强大的协同能力，对各种实际数据可以直接导入，比如当地规范、当地降雨量等，使 InfraWorks 分析更加贴合实际。特别是对曼宁系数的设置都可以进行更正，大大提高项目模型的真实度和适应性。

7. 用户界面

1）软件主界面

软件打开后，操作者将会看到 InfraWorks 主页，如图 2-1 所示，主界面可以管理模型、生成模型，然后在右边会显示软件的一些通知和土地区域、放坡行为预览开关。预览键开启，在进行方案模拟时，将会进行显示和进行一些基本的计算。在软件主界面的模型均储存在云平台和本地上面，云平台上的模型操作者可以根据个人欧特克账号进行管理。

界面的模型一般包括样例模型，软件自带的模型，另外就是导入或者模型生成器生成的模型。当鼠标移动到模型上面时，会进一步显示模型数据，模型状态软件通过不同的符号来进行表示，比如"房子"代表本地、"云形"代表云平台、"下载符号"代表样例模型下载。当然模型不仅只有这几个表示，还有更多状态表示。

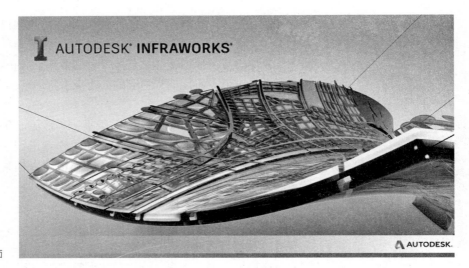

图 2-1　InfraWorks 登录界面

　　模型右上角显示"感叹号"说明这个模型需要升级。一旦升级到最高版本，那么原来低版本的软件就无法打开，所以在升级的时候应该保证相应的版本匹配。同时，如果模型存储在本地计算机上，当在使用该模型时，会自动升级，如果不升级，软件也打不开。如果是缓存的云模型，打开也会自动升级，而且会将升级数据上传到云平台，这是该软件的一大特色，在操作的过程中不用担心模型保存问题，软件自动实时保存。如果想要在新版本的 InfraWorks 中使模型与任何云模型断开连接，可以创建模型副本并且升级该副本。

　　主界面右上角会显示欧特克公司对 InfraWorks 相关通知，如图 2-2 所示，比如"交通模拟现在不需要积分，直接本地运算即可"，又或者"从 2019 年 11 月 30 日起，模型生成器将不会在 InfraWorks2016.4 及以上版本"。这些通知点击进去后是帮助文档，不过这个帮助文档并不是解释这个通知，而是关于这一块的帮助功能。

图 2-2　软件主界面

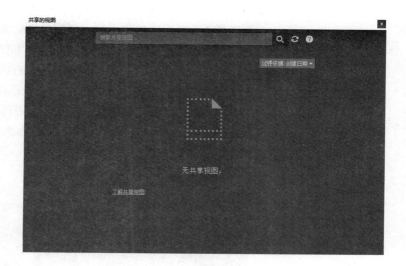

图 2-3 共享视图界面

2）共享视图

共享视图使各操作者能够共同解决一个位置的问题，如图 2-3 所示，在一个操作者定义好视图方向、名称、书签、特性等内容后，上传。SharedViews 使用必须有个人账号，方便管理和推送，然后将各项视图的链接地址发给需要查看的人员，来进行共同研究。注意在公开的时候，应选择能够公开的，以免造成不必要的麻烦。

当视图存储时，应当详细命名，方便后期查找，及时对视图进行更新与整理，针对其他人员提出的问题应该及时调整共享视图。同时，视图模型不宜过大，一般不应该超过 2G。这个过程可以理解为一篇文章，让人批注，然后自己再修改。

SharedViews 创建流程：

第一步：打开要创建共享视图的模型，点击共享视图命令，就会弹出共享视图选项板，如图 2-4 所示，相对于主界面的共享视图选项板，操作界面的共享视图主界面多了创建选项。

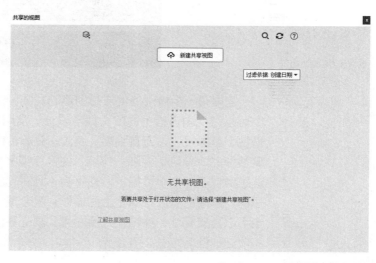

图 2-4 共享的视图选项板

第二步：点击新建共享视图，创建名称、需要共享的范围，如图 2-5 所示。这里有两种选择方式，一种是通过多边形边界框。另外一种就是直接选择整个模型。多边形边界框是在整个模型中选择一部分来共享，如图 2-6 所示，当选择完后，创建共享视图面板会出现选择区域最大最小的 X、Y 值。此处的 X、Y 值也可以直接从文件加载范围进行导入，推荐软件自动设置。在进行框图选择后该坐标就自行确定，如果后面改动框图选定的范围，这个坐标也会改动，它根据框图范围来确定，所以在生成地形的时候一定要确保坐标的准确性。

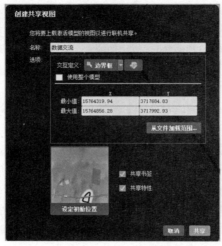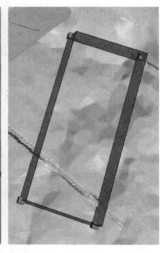

图 2-5 新建共享视图面板（左）
图 2-6 多边形边界框选择（右）

第三步：设定初始位置，即最开始的视图，这部分的视图最好能突出展示主要结构物模型。然后根据自身需求选择共享书签、共享特性，书签和特性，在任意操作者进行编辑后，均可以共同查看。成功上传后，将链接复制发给共享操作者即可，如图 2-7 所示。

图 2-7 共享视图创建成功

这里有一个特别的地方是创建的视图可以在浏览器中查看，在浏览器中可以对视图进行不同的管理与设置，常用的设置有模型、模型浏览器、特性、基本设置，还有平移、缩放、分解、标记。其中基本设置里面可以调整性能、导航、外观、环境，使共享视图更方便操作，如图 2-8 所示。这里类似于一个小型模型管理平台，针对局部区域，比如一块土地、盖房子的、修路的全部在这个上面操作，就会减少出现碰撞的概率，针对问题也可以直接标注、评论，方便沟通。浏览器模型创建成功后就会在账号邮箱收到邮件，如图 2-9 所示。

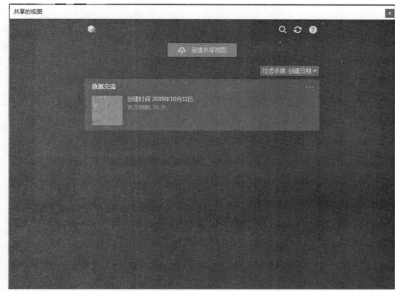

图 2-8　共享视图

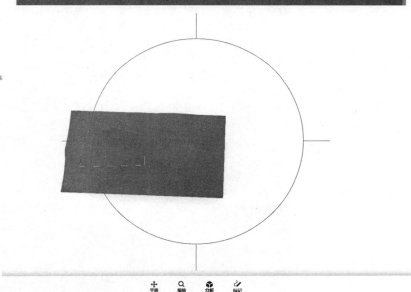

图 2-9　共享视图浏览器显示

3）模型生成器

在主界面还有一个非常重要的功能，就是模型生成器，模型生成器可以生成 $200km^2$ 面积范围的模型，模型生成器创建的模型数据包括道路、建筑、图像、高程，创建模型的位置可以输入查找，也可以直接在地球界面上直接查找。查找到合适的区域后，选择相应的形状进行框选，这里会显示框选的面积，如果不需要生成相应的数据，点击相应的数据即可。这里的模型名称一般是采用当地城市名称，对模型输入相应的简介和模型名称，然后点击创建模型。

操作者可以在创建好的模型上进行模型创建，也可以调整已经创建好的模型。但是已经创建好的模型是真实存在的道路，虽然可以转化为组件道路进行修改，但是意义不大，所以一般不予以修改。模型创建一般是需要几分钟，创建完成后会发送邮件通知。

这里有一点需要特别注意，如果模型是按照模型生成器的坐标进行创建，那么打开就可以看到该处的模型，如图2-10、图2-11所示。如果模型坐标存在问题，包括后续进行数据导入的时候，InfraWorks不认可模型坐标，就会出现地球的显示，如图2-12所示，无法定义该处的模型是在哪个坐标。对于这种情况，一般是要求重新设置坐标或者重新导入。在通过模型生成器创建的时候这种情况不会发生，但是在进行数据交互的时候就会出现，就需要操作者十分注意坐标系的问题。

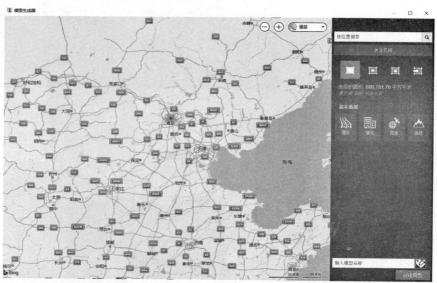

图 2-10　模型生成器

图 2-11　已创建完成的模型

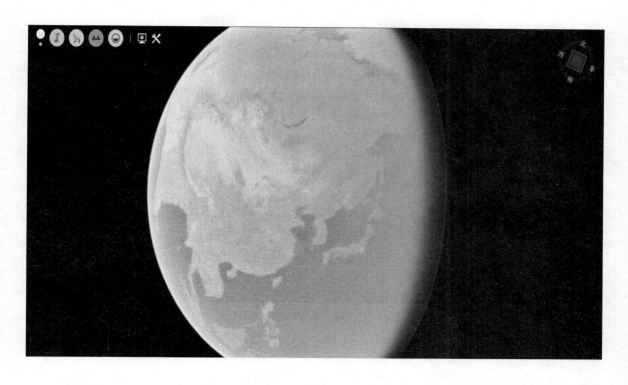

图 2-12　模型坐标未确定

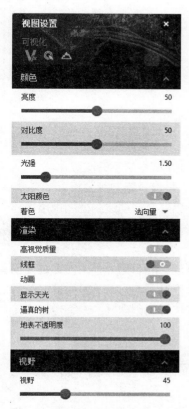

图 2-13　视图设置—可视化

8. 模型操作界面

在创建数据模型或者导入模型后，进入模型操作界面，操作界面比较清晰、简单，方便操作者进行操作。

1）视图

视图是不同模型的展示样式，软件自带的有概念视图和工程视图，这两个视图无法进行删除，但是可以修改。概念视图强调的是效果、理念。设计理念必须要以人为本，针对客户年龄、职业、爱好、文化层次等客户主观方面的个人喜好，做到"因人而异"。

概念视图的一些默认设置，如图 2-13 所示，首先是可视化。

亮度：调整整个界面的亮度。

对比度：调整整个界面的对比度。

光强：调整整个地形的亮度。

太阳颜色：太阳对地形曲面的照射颜色。

着色：着色有三种选择，法向量对应的彩色，灰度对应的黑白，褐色对应褐色颜色，着色全部对应的是整个界面。

高视觉质量：对视觉质量的描述。

线框：对模型执行线框显示。

动画：执行动画设置。

显示天光：背景颜色。

逼真的树：对树执行真实或者虚拟的操作。

地表不透明度：对地形执行透明度设置。

视野：调整窗口与地形的高程距离，或者说放大缩小。

图 2-14 视图设置—交互

图 2-15 视图设置—地形

然后是交互，如图 2-14 所示。

工具提示：模型工具提示。

链接：相关链接地址。

画布内的标签：打开或者关闭画布内的标签。

状态栏：模型状态。

编辑模型：模型编辑状态。

ViewCube：界面右上角视图控制。

近似：在达到近似距离时显示工具提示。

自动缩放以选择：自动缩放到选定要素的距离。

高显绘制要素：在编辑模式下显示所有绘制要素。

将鼠标锁定在地面上方：将鼠标锁定在地面上方。

显示统计信息：在编辑或者计算的时候，显示相关统计信息。

最后是地形，如图 2-15 所示。

次要间隔：根据自定义间隔距离范围内，次要等高线间隔距离。

主要间隔：根据自定义间隔距离范围内，主要间隔距离。

自定义间隔距离：定义次要间隔与主要间隔之间的距离，等高线和高程会在视图中进行显示。

显示等高线：打开等高线显示。

线宽：等高线线宽。

线颜色：等高线的线颜色。

阴影厚度：设置等高线阴影厚度。

阴影颜色：等高线阴影颜色。

显示高程文字：是否显示高程文字。

字体大小：高程字体大小。

字体颜色：字体显示的颜色。

阴影厚度：高程文字阴影厚度。

阴影颜色：高程文字阴影颜色。

按照等高线的标签：每条等高线显示高程文字的次数。

编辑地形主题：对地形进行高程、坡度、方向等分析。

工程视图选项和上面所述一样，另外自行创建的视图也是按照这样来设置。

2）方案

模型操作界面一个方案是作为创建功能，另外一个方案是在创建、管理和设计分析模型—创建、管理模型的方案。其中第二个方案是编辑方案具体内容的功能，在操作界面创建好的方案也会直接在第二个方案里面进行显示。

系统自带的方案名称是 Master，后续创建的方案将会与这个方案进行对比。后续继续创建方案，将会选择不同的方案与 Master 进行对比。

在方案选项板中，可以添加新方案、删除当前方案、删除云中的当前方案、合并方案、切换二维／三维草图显示、查看各种结构物数量、上传模型到模型管理器。

添加新方案：新增加一个新的方案，新添加的方案是基于上一个方案，两个方案可以一样，也可以不一样。

删除方案：删除当前方案，但是如果方案上传到云平台，那么云平台的方案不会删除。

删除云中的方案：删除云平台里面的方案，但是本地模型仍然可以使用。

合并方案：将两个方案合并，如果合并的时候发生冲突，将会通过红色显示，操作者可以删除后，继续合并。

切换二维、三维模式：二维格式即同城的平面模式，在进行设计变更时，采用二维格式，可以清晰看出设计的要素。三维模式，是三维数据模型样式，通过三维模型查看模型各种信息数据。

添加模型到数据管理器：创建的方案数据是否上传到云平台，一旦上传后，这些方案数据将会存储在云平台，通过删除方案将无法删除。

要素列表：在绘制新的要素后，将会把这些要素的相关信息进行展示，比如添加、删除、修改等，方便操作者与之前的数据进行数量对比，如图2-16 所示。

类型列表：查看要素的类别和一些基本数据，如图 2-17 所示。

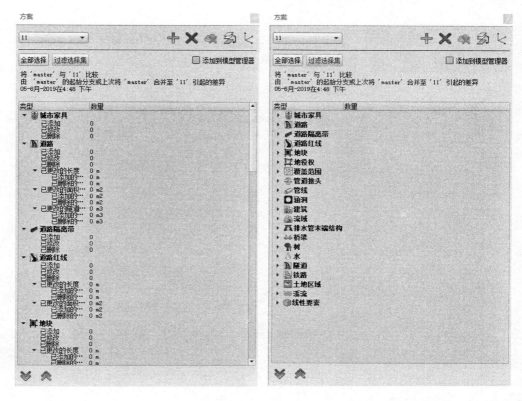

图 2-16　要素列表（左）
图 2-17　要素类型（右）

9. 应用程序选项

在进行操作时，应先设置好应用程序选项。应用程序选项包括常规、导航、模型生成、单位配置、三维图形、数据导入、点云。

常规是设置语言、欧特克分析计划、云模型缓存位置、生成的曲面平铺的缓存位置、使用系统代理设置，如图 2-18 所示。

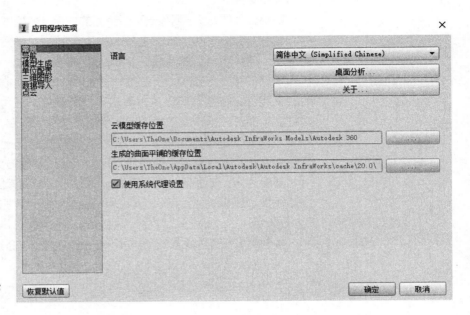

图 2-18　应用程序选项—常规设置

导航是鼠标动态观察和 W、A、S、D 相关设置，如图 2-19 所示。

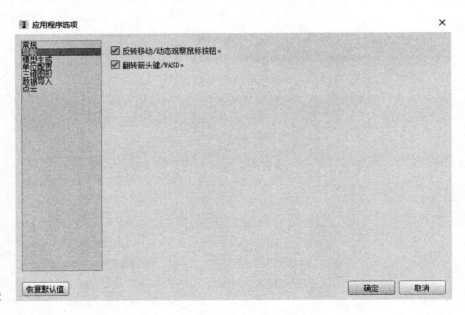

图 2-19　应用程序—导航设置

模型生成控制分配给 InfraWorks 的 CPU 线程数量、建筑物外立面细节、外立面贴图集限制、地形简化、覆盖范围搜索半径、外立面亮度、道路重生成已延时。该功能主要是针对模型的一些基础设置，如图 2-20 所示。

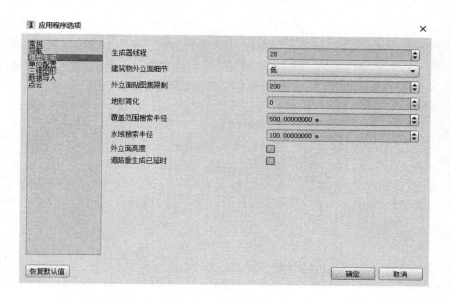

图 2-20　应用程序—模型生成

　　单位配置是软件采用何种度量单位，这里提供英制和公制两种样式。
　　公制样式包含基本、运输、结构，而基本包含长度、宽度、面积、体积、坡度、角度、温度。运输包含桩号、速度。结构包含重量、力矩、应力。英制中文均和公制一样，但是单位是按照英国单位。
　　在选择任何单位的时候，均可以在类型里面单独设置，如图 2-21 所示，类型里面包含英尺、英寸、英里、码、海里、毫米、厘米；美制测量英尺、分米、米、千米。还可以设置单位小数点来满足工程需求。对于已经

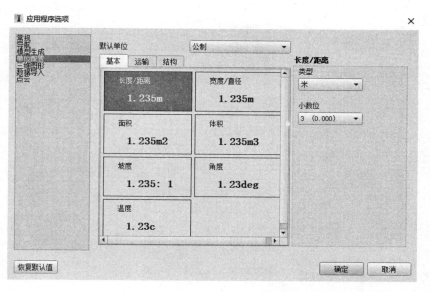

图 2-21　应用程序—单位配置

设置好的单位数值如果在实际工程应用不是很方便，可以点击恢复默认值。

三维图形如图 2-22 所示，主要是设置模型的 LOD 精确度，显示细节越高那么模型也越清晰，但是对电脑要求就更高，比如在利用 Lumion 进行渲染的时候，如果设置渲染质量特别高，不仅渲染实际时间长，电脑也很难处理。可以根据实际情况进行选择，但是不管怎么选择都应该符合项目需求，为了更好地展示模型，这里是设置的重点。如果电脑性能比较好，那么就可以全部设置高。如果设置高，后续还有操作，可以设置快照，设置快照后就增加运行的速度。

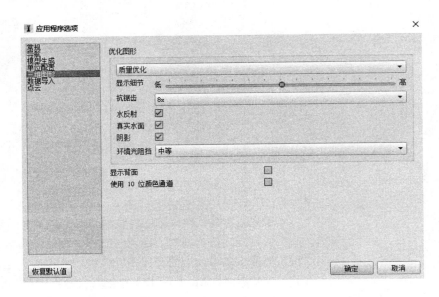

图 2-22　应用程序—三维图形

数据导入支持从 Autodesk Navisworks Manage 或 Autodesk Navisworks Simulate 导入的数据进行设置，如图 2-23 所示，不过这里并不建议大家将 Autodesk Navisworks Manage 导入到 InfraWorks，

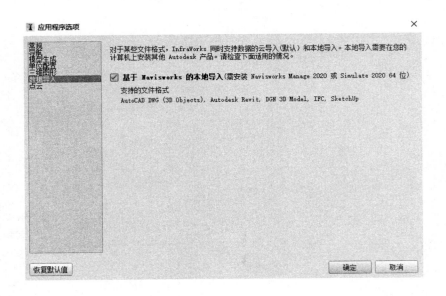

图 2-23　应用程序—数据导入

因为实际效果并不是很好，如果需要模型可以直接从 Revit 导入，如果需要视频渲染，那么导出来后可在专业的视频剪辑软件里面进行处理。而且 Autodesk Navisworks Manage 主要是用于进度、物资、动画模拟，导入 InfraWorks 实际作用不明显。在实际 BIM 应用的过程中作用也不是很大。建议读者可以课后进行研究。

点云主要调整点的大小和密度，点云需要配合 Autodesk ReCap，事先采集的点云可以导入到 InfraWorks 生成相应的实体，同样在 InfraWorks 创建的实体也可以生成点云导入到 AutodeskReCap 进行处理。如果在应用程序中设置点云大小和密度就会影响两者的数据输入，如图 2-24 所示。当在 InfraWorks 中将点云设置大、密度高，那么 InfraWorks 接受 Autodesk ReCap 点云数据时也需要点云多、密度高。

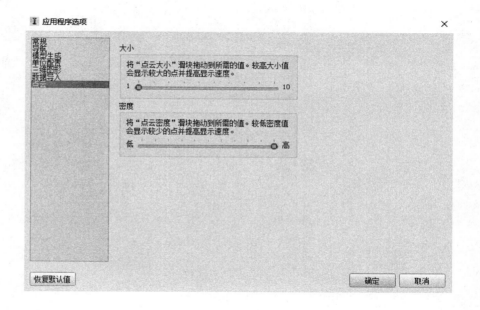

图 2-24　应用程序—点云

10. 模型管理器

界面还有一个重要的功能选项是模型管理器，如图 2-25 所示，这是控制整个模型的显示、详细级别、锁定、量显、子集。下面详细介绍每一项功能的作用。

显示：隐藏或显示模型中的数据信息。当灯泡图像为黄色，将显示数据信息；当灯泡图像为白色，将隐藏数据信息。

最大/自适应详细程度：详细程度与距离相关，比如将常规详细程度设为较高的设置时，将能够从较远距离看到更多细节。

锁定：该结构物是否可选。

亮显：对于特殊要素进行亮显。

子集：使用表达式创建子集表达式。

"曲面图层"类似于 CAD 图层，如图 2-26 所示，这些要素的"隐藏／显示"作为一个整体进行控制，如果要单独隐藏或显示这些要素，就需要在"曲面模型图层"上单击鼠标右键，然后单击"管理曲面图层"，显示出曲面图层，然后针对某一种构筑物进行显示，图层也可以拖动来改变顺序，但是也只能是同一种类型。

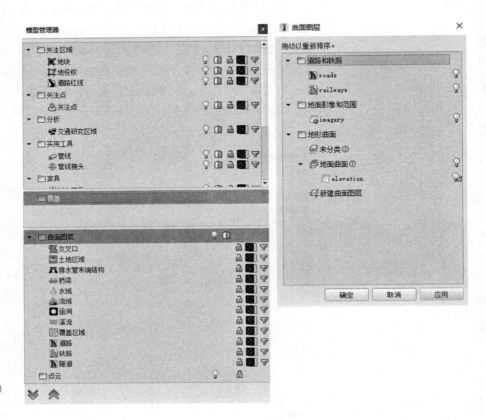

图 2-25 模型管理器（左）
图 2-26 曲面图层（右）

第3章 创建、管理和分析基础设施模型

创建、管理和分析基础设施是我们需要分析的第一个主要内容，该功能的主要作用是数据导出、输入、地形的深入分析等。通过该功能的学习，可以掌握基本的地形分析、常规的地理布置。下面将会详细讲解各项操作。

3.1 创建和管理模型

1. 数据源

创建、管理和分析基础设施模型—数据源— 。

数据源是软件交互平台窗口，所有数据均从数据源导入。数据源目前支持扩展名有3DS、DAE、DXF、FBX、OBJ、DWG、F2D、IMX、RVT、RFA、CITYGML、GML、XML、DGN、IFC、LANDXML、RCS、RCP、ADF、ASC、BT、DDF、DEM、DT0、DT1、DT2、GRD、HGT、DOQ、ECW、IMG、JP2、JPG、JPEG、PNG、SID、TIF、TIFF、WMS、XML、VRT、ZIP、GZ、SDF、SHP、SKP、SDX、SQLITE、DB，基本包含了市面上绝大多数的软件格式。

数据源工具栏有以下几种。

☁▾：导入数据；

▯：添加数据库数据源；

▯：添加ArcGIS数据源；

▯：配置数据源；

🗘：刷新数据源；

✕：删除该数据源；

▯：管理文件数据源的路径；

▯：地表图层管理；

▯：删除数据源要素；

▯：选择数据源要素；

根据相应的格式导入进去，设置相应的坐标、更新即可展示。

具体操作步骤如下：

第一步，导出能够被软件识别的软件格式，如果有特殊的设置，应在导出软件前设置好。

第二步，打开数据源进行导入，导入后进行坐标设置，InfraWorks包含有世界7845个系统坐标，如图3-1所示，当然这里也可以通过直接

输入坐标进行配置，如果在导出软件时，希望软件坐标可以被识别，则可以设置同样的坐标。如果导出软件的坐标不是 InfraWorks 所能够识别的，那么就需要重新在 InfraWorks 定义坐标。

　　左边分类是坐标的分类，比如中国有北京地理坐标、西安地理坐标，选择大类后，再从这一个大类里面选择相应的坐标系，最近使用过的坐标系统将会进行显示。

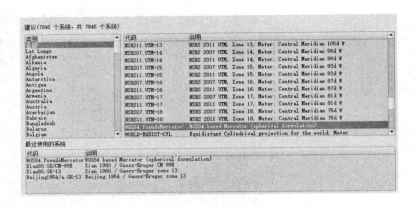

图 3-1　InfraWorks 坐标系统

　　第三步，如果没有合适的坐标，就需要手动输入坐标，如果不能确定唯一的坐标，可以通过偏移、旋转、比例进行调整，如图 3-2 所示。

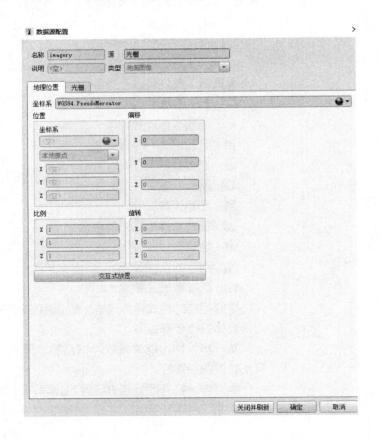

图 3-2　地理位置配置

第四步，是否设置光栅，光栅是对地面图像进行分类、颜色遮罩、Gamma 校正、通道级别和标注栏映射。下面详细说明光栅的操作含义，如图 3-3 所示。

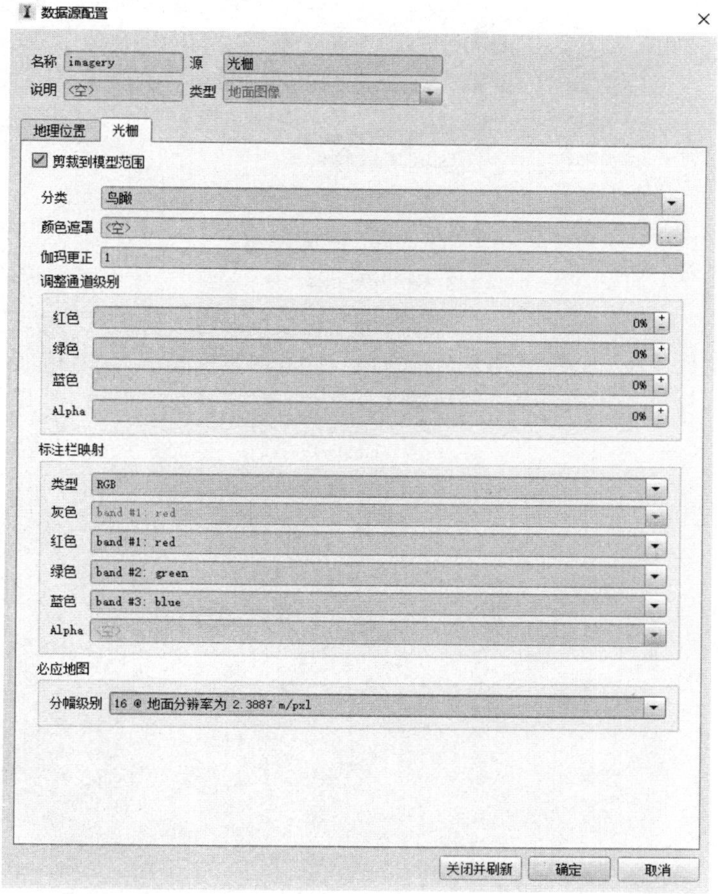

图 3-3　光栅设置

分类：指定如何分类光栅数据源类型，这里含有鸟瞰、卫星、地形图、平滑颜色、离散颜色，正确的分类，能提高图像质量。

颜色遮罩：利用颜色来遮挡当前要素，使用 GeoTiff 时效果最好。

Gamma 校正：主要是调整光栅图像的亮度。

调整通道级别：调整光栅图像中红色、蓝色、绿色的比例。

标注栏映射：在模型中输入光栅图像作为地面图像层时，可以从源光栅图像中选择要映射到 InfraWorks，创建的光栅地面图像层中通道的标注栏。

灰色：灰度图像。

灰色 +Alpha：带有透明度标注栏的灰度图像。

RGB：多标注栏的彩色图像。

RGB+Alpha：带有透明度通道的彩色图像。

必应地图：必应地图只适应软件自行生成的地图。

第五步，关闭并刷新、输入数据源详细信息，数据源信息这里包含名称、说明、源类型、连接字符串、坐标系、加载日期等。

2. 曲面图层

创建、管理和分析基础设施模型—曲面图层— 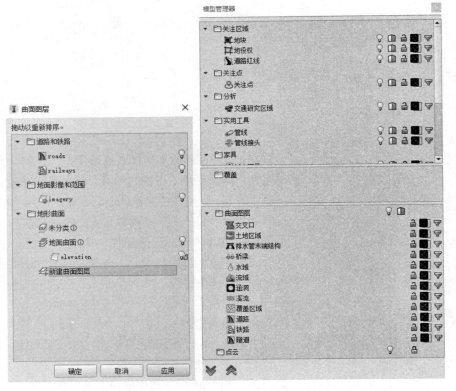 ，如图 3-4 所示，曲面图层是管理要素显示的作用，可以显示指定要素，也可以不显示指定要素，曲面图层面板会把创建的要素进行大致的分类，同时，有些要素会用感叹号表示，来说明该要素具有某些特性。

数据工具栏：

♀♀：隐藏或显示模型中的曲面图层。

♀：曲面图层设置。

3. 模型管理器

对接界面所有模型，均可以在模型管理器中进行管理，如图 3-5 所示，包括分析过程，主要是管理图层、详细程度、锁定、亮显、子集。

数据工作条：

♀：是否显示。

▯：自适应详细程度。

🔒：锁定，使选定数据源可选择或不可选择。

图 3-4　曲面图层选项板（左）
图 3-5　模型管理器（右）

4. 特性

操作者创建的每一个要素模型，均有一个独一无二的特性，比如道路要素模型包含普通、样式化、几何图形、高程、运输、道路、三维模型、寿命等详细信息，这些信息有些是事先创建完成的，但是没有定义的，通过道路特性就可以定义，如图 3-6 所示。

模型调整后自动更新，自动更新意味着不需要输入，如果没有勾选，则需要输入。

5. 模型特性

此处的模型特性与前面的特性是两种类型，这个模型特性主要是面对整个场区模型，而上面所述为一个构筑物，比如道路、建筑物、桥梁等。

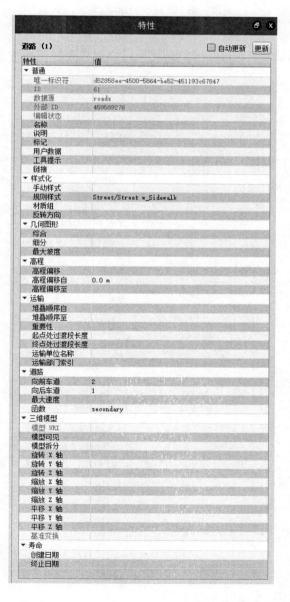

图 3-6　特性—道路

这个模型特性主要包括坐标名称、说明、坐标系、范围、地形、设置模型时间、道路设计标准、内容，如图 3-7 所示。具体内容如下：

名称：模型名称。

内容：介绍整块模型的具体内容。

坐标系：整块模型所采用的坐标，这里分为数据库和 UCS，数据库的模型是无法修改的，只能修改对 InfraWorks 软件的模型坐标。

范围：一般情况下，模型范围设置为模型的数据库坐标系的边界。如果导入的模型没有明确定义该模型边界范围，模型范围会变大，会造成软件运行较慢，就可以绘制多边形或者指定 X、Y 坐标。

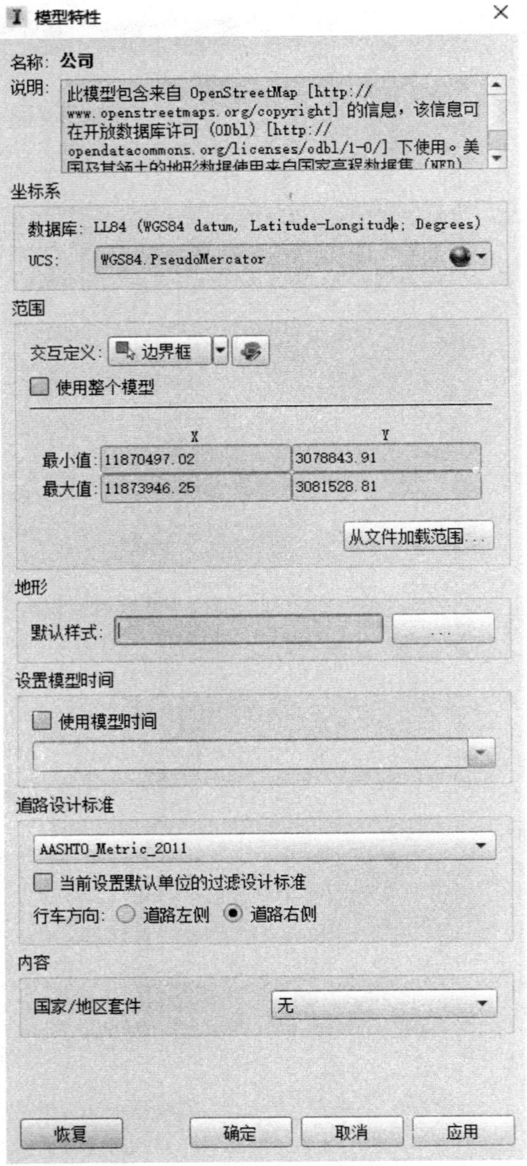

图 3-7　模型特性

最小 X 坐标将设置最左端边界。

最大 X 坐标将设置最右端边界。

最小 Y 坐标将设置最下端边界。

最大 Y 坐标将设置最上端边界。

地形：为地形设置样式。

设置模型时间：根据模型显示时间来决定显示哪种时间段的模型。

道路设计标准：整个场区道路采用的设计标准。

内容：是否启用国家或者地区套件。

6. 样式选项板

道路、桥梁、隧道、建筑等一系列要素模型样式，均可以在样式选项板中进行设置或者输入，如图 3-8 所示，软件自带的样式，如果不满足要求，均可以在样式选项板中进行设置。

在进行样式设置时，先复制原有的，再开始设置，设置时，会进行预览，方便操作者及时调整，后续将会详细讲解其操作步骤。

数据工具栏中的图标含义。

╋：添加新样式。　　　　　　　　✖：删除样式。

↪：从本地文件导入相关样式。　　💾：查看该样式是否可以导出。

🗋：复制该样式。　　　　　　　　▭：重命名该样式。

🗂：将样式复制到另外一个目录。　✏：编辑样式。

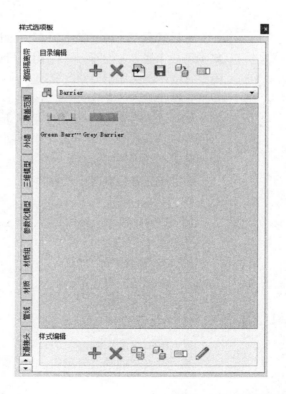

图 3-8　样式选项板

7. 脚本

InfraWorks 软件定义是全球性通用的软件，所以在软件制作的时候容易以欧美的标准要求为准，在以国人的习惯进行设置时就需要考虑脚本，如图 3-9 所示，脚本是采用 JavaScript。JavaScript 是一种直译式脚本语言，是一种动态类型、弱类型、内置支持类型、基于原型的语言。

JavaScript 组成部分为：

ECMAScript，该语言的语法和基本对象。

文档对象模型（DOM），处理网页内容的方法和接口。

浏览器对象模型（BOM），与浏览器进行交互的方法和接口。

再提前设置好 JavaScript 文件，然后导进去，进行运行。

图 3-9　编写脚本选项板

8. 缩略图

一般情况下，InfraWorks 主视图上面会同时显示本地模型和云模型，其中每一个模型都会显示一个当前所正在操作模型的模型缩略图，在打开模型之前，将会显示缩略图选项。

9. 样式规则

样式规则主要定义要素模型显示样式，建筑物、城市家具表现方法，可以在样式规则里面进行展示，如图 3-10 所示，一面墙有多少门，多少窗均可以在其中进行设置。

数据工作条包含以下几种图标。

✚：添加新的规则。

✖：删除规则。

▱：保存样式。

▱：本地文件导入样式。

▱：复制当前样式规则。

⬆：上移选定规则。

⬇：下移选定的规则。

✏：编辑当前规则。

◉：对当前规则进行运行。

图 3-10 样式规则选项板

10. 点云地形、点云建模

输入点云数据以生成地形曲面，这里需要对导入的数据源进行不同的设置，点云处理需要多种软件配合，首先需要创建 Recap 项目，准备相关的点云数据，如图 3-11 所示。然后导入到 InfraWorks 中，通过点云数据生成点云地形。如果导入的除了地形，还有其他要素模型，也可以通过地云生成。

Recap 主要的功能包含有：3D 转换、配准（表面对齐）、动画 / 视频导出、照片采集点云、注释工具、相关文件格式导出、管道，曲面和正交捕捉、搜索功能。

这里主要是大致做一个介绍，有兴趣的读者可以去研究 Recap 软件。

图 3-11 点云项目设置

11. 点云主题

这里的主题有点类似地形主题，如图 3-12 所示，可以对点云生成的地图进行标高、分类、单个颜色、强度等进行修改。

数据工具栏包含以下内容。

法向:"法向"是指面指向的方向，与其表面正交。法线的方向指示面的前方或外表面。

标高: 高程。

单色: 则是一种颜色。

分类: 对点的 ID 进行分类。

强度: 强度值。

高程 + 强度: 由点云数据和关联高度值中的点的强度构成的主题。

图 3-12　点云主题选项板

12. 线性要素提取

通过提取点云线性要素来创建模型。

13. 输出点云提出、点云图像查找

Recap 专门用于点云数据提取，在模型复杂或者体量较大的情况下，可以采用 Recap 扫描三维空间，然后生成点云导入到 InfraWorks 中完成模型创建。这样可以很好地避免数据丢失。所以对 Recap 来说，如果

数据在 InfraWorks 处理好后，导出其他软件的格式，这样就能更加发挥 Recap 的作用，如图 3-13 所示。

数据工作条包含以下几部分。

仅地面栅格点：仅输出地面点。

线性：提取道路线性要素。

横向顶点：要素模型创建的横向顶点。

垂直：提取道路垂直要素。

目标坐标系：输出相应的坐标系。

保存文件夹：将文件保存在本地的位置。

点云图像查找，主要是查找特定的地理位置显示该图像，这里主要是通过三维坐标进行查找，如图 3-14 所示。

图 3-13　输出点云提取选项板（左）
图 3-14　点云图像查找选项板（右）

数据工作条：

图像 CSV：选择打开该文件。

重要：日志文件和关联文件同一文件夹。

坐标系：选择相应坐标系。

分隔符：可以使用分号、制表符或空格作为分隔符。

X 列：标识 X 坐标列标题。

Y 列：标识 Y 坐标列标题。

Z 列：标识 Z 坐标列标题。

文件格式实例：

232，2323，2322，C：\Images\1.jpg

2232，22323，22322，C：\Images\11.jpg

22232，222323，222322，C：\Images\111.jpg

222232，2222323，2222322，C：\Images\1111.jpg

6222232，62222323，62222322，C：\Images\11116.jpg

66222232，662222323，662222322，C：\Images\111166.jpg

3.2 选择要素模型

1. 缩放、清除选定对象

对要素模型进行缩放或者选择要素模型，然后清除，这两个命令是常规命令。

2. 窗口选择

选择"窗口选择"，可以在模型的上方另外创建一个窗口。同时任何与窗口边界相接触的要素模型均可以被选中。

3. 矩形选择

可以在场区创建一个四维矩形框，进行标注，如图 3-15 所示。在选择的时候每一点均会出现相应的坐标，方便定点。

图 3-15　矩形选择

4. 多边形选择

和多边形选择一样，不同的在于可以多选图形边，如图 3-16 所示。

图 3-16　多边形选择

5. 半径选择

通过半径来选择区域，如图 3-17 所示。

图 3-17　半径选择

6. 过滤器选择

选择自身创建表达式来进行创建的要素或者子集，如图 3-18 所示。

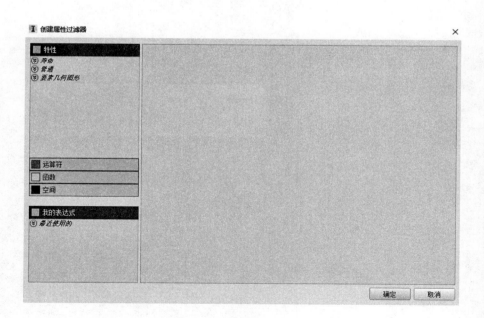

图 3-18　过滤器选择

3.3 创建概念要素

1. 道路

针对绘制道路样式，软件提供了几种道路样式，如果不满足可以去样式选项板进行创建，如图 3-19 所示。这里除了道路样式，还可以创建材质、三维模型。

这里创建的道路不是组件道路，无法进行详细设计，需要操作者抓化为组件道路，开始详细设计。三维模型和其他地方添加的模型是一致的，如图 3-20 所示，区别不大。但是在放置的时候，是通过线进行放置，而不是点。所以在创建道路设计时，操作者经常是在设计、建造和查看道路中进行设计。

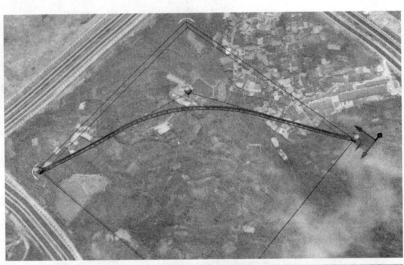

图 3-19　道路

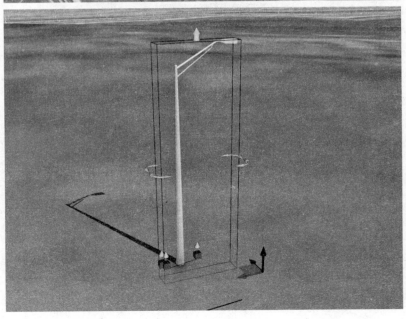

图 3-20　三维模型

2. 道路隔离带

这里主要对组件道路的隔离带进行处理，不过，InfraWorks 自带的中央隔离带较少，需要创建。一般隔离带有两种方法进行创建，一种是点、一种是线。创建好的隔离带可以进行高度、方向的调整，建议操作者在创建道路样式的时候，一起创建好道路隔离带，如图 3-21 所示。

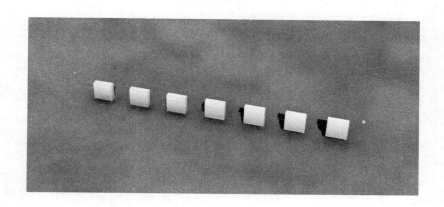

图 3-21 道路中央隔离带

3. 建筑

建筑选项板和道路选项板一样，均是由材质、三维模型、外墙构成，InfraWorks 创建的建筑主要是外立样式、大小、建筑场平等方面，如图 3-22 所示，不包含实际的所属建筑信息，主要是为了后期渲染和环境设计方便。

4. 城市家具

城市家具主要包含城市功能的一些模型，比如树木、船、车等一系列模型，如图 3-23 所示。此处只有三维模型，没有材质这些设置，创建的模型也只能调整大小、方向。注意这里放置的车型是无法和道路坡度相连接的，和前面一样均是通过线进行放置。放置完成后可以通过 Adjust Density 调整数量。

图 3-22 建筑（左）
图 3-23 城市家具（右）

5. 通用对象

通用对象是在 Autodesk Inventor 中创建的参数化零件，简单来说通用对象可以通过 Autodesk Inventor 创建后，导入到 InfraWorks 中，具体导入步骤如下。

第一步：在样式选项板中选择参数化模型，新建一个目录，或者复制一个，如图 3-24 所示。

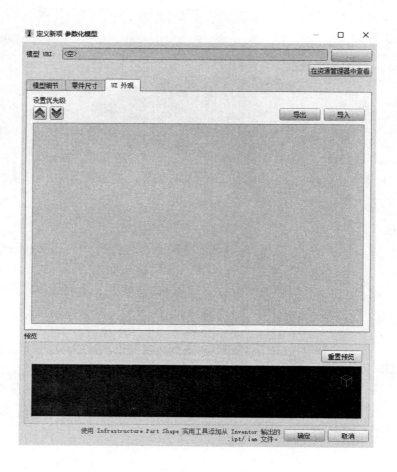

图 3-24　定义参数化模型选型板

第二步：打开 .IPT 参数化模型文件，输入名称、说明、单位，将通用类型选择域，父类型为全部。

第三步：模型细节、零件尺寸、UI 外观。

1）模型细节数据工作条

名称：该模型细节名称，方便查找。

描述：可以对相关信息进行描述。

单位：是否采用公制或者其他。

域：当添加新的模型时，必须制定新的属性。添加完模型后，这些值将作为只读形式并且不能修改。类似的分类，建议按照结构工程类型进行分类。

组件类型：一旦指定将不能修改，根据实际情况指定。

所需参数：类似参数化管理，对需要的参数进行设置。

2）零件尺寸数据工作条

零件尺寸：通过零件尺寸来约束形状尺寸，这个是根据实际工程情况进行约束。

添加或删除列：每增加一个约束条件，会在这个选项中进行显示。

导出：导出 .JSON 格式并且保存在本地。

导入：导入 .JSON 格式来进行修改。

3）UI 外观数据工作条

UI 外观：自定义桥梁、隧道构件属性在"堆栈"中的显示方式。

优先级：确定约束尺寸优先级，比如长度包含多种小类型长度，那么以哪一种长度为最终确定。

名称：给每一个约束尺寸进行命名，方便管理。

标签：给堆栈中相应属性进行注明。

用户界面外观标签：!![] (../images/1.jpg)

相应的堆栈标签：!![] (../images/1.jpg)

工具提示：给每一个关键尺寸进行相关提示命名。

可见：确定关键尺寸在堆栈中是否可见。

可编辑：确定关键尺寸在堆栈是否可编辑。

类型：约束尺寸在堆栈中的允许值。

注意：如果已经定义多个关键尺寸参数，需要选择列表。

最小值：关键尺寸可以采用的最小值。

最大值：关键尺寸可以使用的最大值。

组名称：确定尺寸在堆栈中的显示位置。

第四步：单击确定即可。

6. 覆盖范围

覆盖范围可以创建地形、回避区域、建筑场平等，如图 3-25 所示。当然也可以模拟当地的建筑产物，比如，如果这一区域是公园，没有时间绘制，就可以采用覆盖范围，如图 3-26 所示，然后注明这一区域为公园。

7. 管线

管线主要是简单的管道样式，一般这里操作只是为了注明这里有管线，如图 3-27 所示，真正排水设计需要去管网分析面板进行设计。这里的管线是通过颜色区分材质，不是按照材质的颜色进行区分。而且生成的实体模型不具有多层的材质结构，只是用于展示和分析功能，如图 3-28 所示。

8. 管线接头

管道与管道之间的连接需要采用接头进行连接，如图 3-29 所示，这里提供多种样式接头，但是接头没有包含丰富信息，如果需要创建含有建筑信息模型的接头建议采用 Civil3D 创建，然后导入 InfraWorks。在绘制的时候，会自动连接到相关管网接口，如图 3-30 所示。

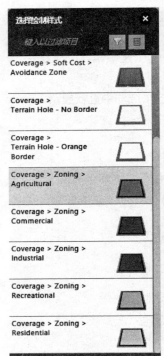

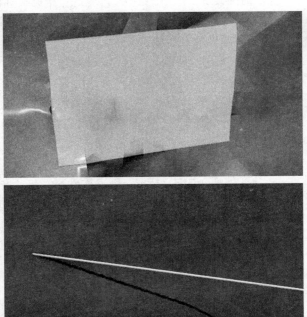

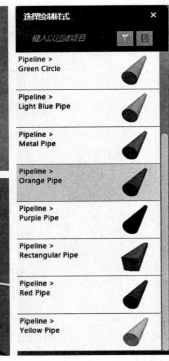

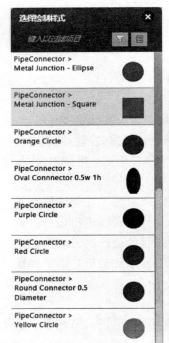

图 3-25　覆盖范围选项板（上左）
图 3-26　覆盖范围显示（中上）
图 3-27　管线选项板（上右）
图 3-28　管线三维模型（中下）
图 3-29　管网接头选项板（下左）
图 3-30　管网接头（下右）

9. 关注点

InfraWorks 创建多种三维模型，用于放置关键点，操作者也可以在样式选项板中另外创建和导入，关注点可以是符号，也可以是三维模型，操作者可以根据实际情况选择，如图 3-31 所示。

10. 铁路

根据该选项可以绘制铁路三维模型，有三种形式的样式，如图 3-32～图 3-35 所示，一种是道路铁路样式，一种是桥梁铁路样式，另外一种是隧道内铁路样式。

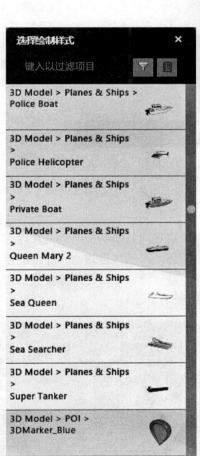

图 3-31　关注点模型（左）
图 3-32　三种铁路样式（右上）
图 3-33　铁路属性面板（右下）

铁路　　　　　　　　　☰ 📌
输入名称

类型　　　　　　　　　∧

手动样式
Railway/Railway

规则样式
无

材质组
无

属性　　　　　　　　　∧
车道

几何图形　　　　　　　∧
高程偏移
高程偏移自
高程偏移至
最大坡度
起点处过渡段长度
终点处过渡段长度
堆叠顺序自
堆叠顺序至

寿命　　　　　　　　　∧
创建日期
终止日期

铁路　　　　　　　　　☰ 📌
输入名称

类型　　　　　　　　　∧

手动样式
Railway/Tunnel

规则样式
无

材质组
无

属性　　　　　　　　　∧
车道

几何图形　　　　　　　∧
高程偏移
高程偏移自
高程偏移至
最大坡度
起点处过渡段长度
终点处过渡段长度
堆叠顺序自
堆叠顺序至

图 3-34　铁路选项板（左）
图 3-35　铁路选项板（右）

11. 河流

河流功能提供景观河流绘制，绘制河流可以调整宽度和方向，但是不能够调整深度，而且河流的水是活水，流动的水。特别在绘制涵洞和管网时，需要先准确绘制河流。可以在河流上面放置其他景观物，比如船、鱼等景物，如图 3-36 所示。

图 3-36　河流

12. 水域

绘制水域景观效果图，在有河流的地方道路会自动创建桥梁，适配地图也会对此进行成本高的分析，所以在绘制河流的时候应结合实际地理情况。需要注意的是 InfraWorks 创建的河流是动态的，如图 3-37 所示。

图 3-37　水域

13. 树排

创建多种类型树木，该树木创建的方式是一排一排，适合在道路两边创建。当创建的道路有隧道的时候，就需要先把道路进行切割，在隧道区域不设置树排，或者在隧道设置比较低的树木，避免树木直接与隧道上部结构相交，如图 3-38 所示。

图 3-38　树排

14. 树丛

可以在公园、山岭设置大规模的树丛，操作步骤为先选定树丛区域，然后创建树丛，后面根据密度功能，调整该区域树木数量，适合大面积创建树林，如图 3-39 所示。

图 3-39　树丛

15. 样式选项板、样式规则

在创建管理和管理模型中已经进行过讲解，这里就不再描述。

16. 流域分析

1）流域分析介绍

流域分析是验证道路和河水之间的关系，还可以验证整个场区降雨量对道路的影响，如图 3-40 所示。

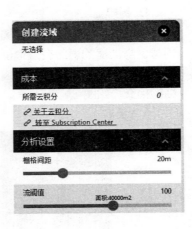

图 3-40　创建流域

2）流域属性介绍

出口点：这里需要选择地形中的一个较低的位置。

组件道路：单击一条道路。

道路段：选定起点桩号和终点桩号。

栅格间距：控制对河流进行采样的方形栅格的大小。

流阈值：可设置用于定义河流的栅格单元数量。

3）流域选项板

主要包含三大部分，一部分是水文数据、一部分是几何图形、一部分是样式，如图 3-41 所示。

首先是样式，InfraWorks 提供多种样式以供操作者选择。

然后就是水文数据，水文的分析方法有三种：使用定义、合理、回归

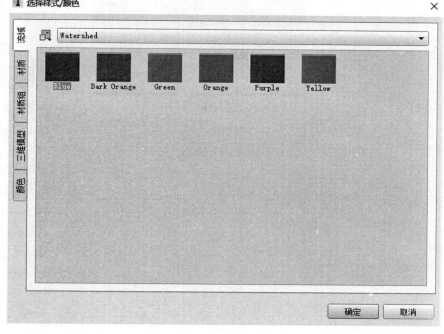

图 3-41　样式选择

水文学方法	User Defined ▼
峰值流量(AEP)	
1/10	7.138 cms
1/50	12.911 cms
1/100	15.724 cms

图 3-42　使用定义

水文学方法	Rational ▼
Runoff Coefficient	0.0
Rainfall Intensity (100yr)	0.0 mm/hr
峰值流量(AEP)	
1/10	0.0 cms
1/50	0.0 cms
1/100	0.0 cms

水文学方法	Regression ▼
State	Alabama ▼
Region	Peak Region 1 2007 5204 ▼
Contributing Drainage Area	0.566 km2
峰值流量(AEP)	
1/10	7.138 cms
1/50	12.911 cms
1/100	15.724 cms

图 3-43　合理分析选项板
（左）
图 3-44　回归选项板分析
（右）

如图 3-42~ 图 3-44 所示。不同的分析方法有不同的设置，首先介绍使用定义的方法。

这里可以导入或者操作者手动输入峰值流量。

径流系数：操作者手动数据输入。

降雨强度：操作者手动数据输入。

状态：操作者自行选择。

区域：从可用区域中选择。

根据状态和区域，操作者手动添加。

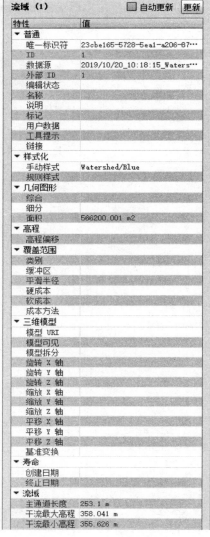

图 3-45　几何图形（左）
图 3-46　流域特性面板（右）

排水作用面积：就是图中受到影响的面积。

最后就是几何图形，根据几何图形可以知道面积、干流长度、干流坡度、高程，这些数据和特性数据一样无法修改的，如图 3-45 所示。这些设置一旦确定，就可以将其用于所有水文分析，如图 3-46 所示。

4）流域分析存在的问题（表 3-1）

流域分析存在的问题　　　　　　　　　　表 3-1

序号	存在的问题	解决的办法
1	无法很好的找出地形最低点	需要先分析出地形最低点，然后再作为出水口
2	出水口位置不合理	出水口位置没有河流、出水口位置高程很高、出水口离道路很远
3	无法分析	道路和河流没有相交

5）流域分析结果查看

确定了出水口，InfraWorks 就可以自行进行排水，会对流域分析区域进行高亮（方框部分）显示，如图 3-47 所示。

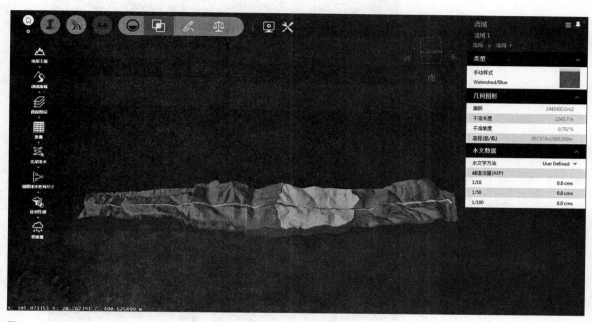

图 3-47　流域分析

3.4　分析模型

1. 地形主题

对地形进行高程、坡度、坡向整体分析，不同数值用不同颜色区分，如图 3-48～ 图 3-50 所示。

地形主题数据工作条：

名称：确定该地形分析名称。

分析类型：是需要分析高程、坡度、坡向。

最小值：该分析结果最小值不能低于的值。

最大值：该分析结果最大值不能超过的值。

分布：明确主题范围的方法。

规则数：是统计分类采用多少种类别。

透明度：设置主题透明度。

起始颜色：从第一种类别划分的颜色。

结束颜色：最后类别的颜色。

选项板类别：采用何种颜色板。

预览：对颜色板进行预览。

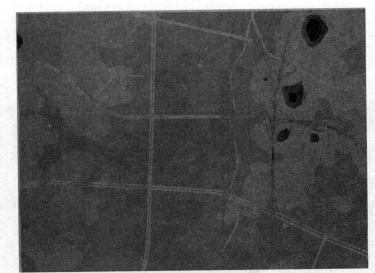

图 3-48　高程分析

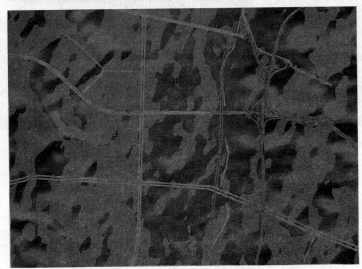

图 3-49　坡向分析

图 3-50　坡度分析

2. 要素主题

要素主题可以对各种自带的三维模型进行高显和分析，比如显示建筑用电情况。这里的特性功能是根据不同的信息进行分布，选择模型的共同点进行分类，比如 ID 号，在数据工作条当中介绍各项功能，如图 3-51 所示。

相等：每个范围差值是相等的。

标准偏差：根据要素值和平均值的差值进行分组。

等要素数：每个范围都包含相同数目的要素。

Jenks 自然分等法：自然分组。

单个值：对要素不进行分组。

对数：计算最大值与最小值。

图 3-51　要素主题分析—
道路

3. 适配地图

适配地图分析功能十分强大，能够对地理位置的信息进行成本分析，比如对河流、建筑物等成本高的地方会进行颜色加深处理，在进行道路规划的同时，就会体现该处成本很高，是否考虑绕行，如果确定绕行就需要绘制回避区域，如图 3-52 所示。

在适配地图中重量和建筑是在成本中所占的比例，改造成本高的类型，可以加重权重。对于成本各值均可以创建图层，方便后期管理。

图 3-52　适配地图

4. 太阳与天空

可以调整项目所处地理位置的太阳与天空，调整时间、太阳、云层、风速等，使项目地理位置更接近实际情况，如图 3-53 所示。

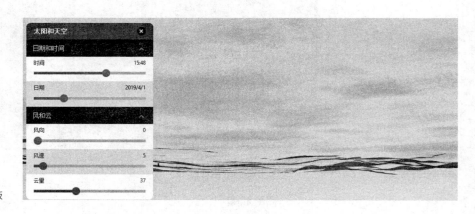

图 3-53　太阳与天空选项板

5. 点到点距离

标注一点到一点在地面的实际距离，如果不好控制比例，可以选择此命令，测量两点之间的距离，如图 3-54 所示。

6. 二维距离与坡度

该选项不仅能测量两者之间的距离，还能测量出该坡度，如图 3-55 所示。

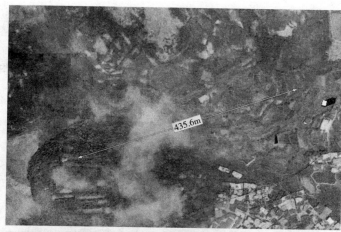

图 3-54　点与点距离

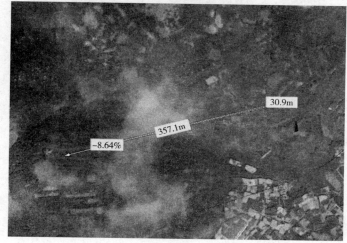

图 3-55　二维距离与坡度

7. 路径距离

该选项功能可以累加测量距离，测量多个点之间的距离，如图 3-56
所示。

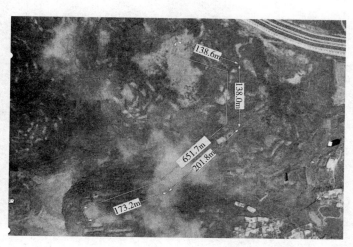

图 3-56　路径距离

8. 测距仪

测量模型与当前视图的距离、坡度、海拔高度，测量的每一点均可以放在桌面方便下次使用。介绍的这几种测量均不受建筑物遮挡影响，如图 3-57 所示。

图 3-57　测距仪

9. 地形统计信息

通过地形统计信息可以任何选择一块区域，统计其二维、三维、挖方体积、填方体积、累计值，如图 3-58 所示。

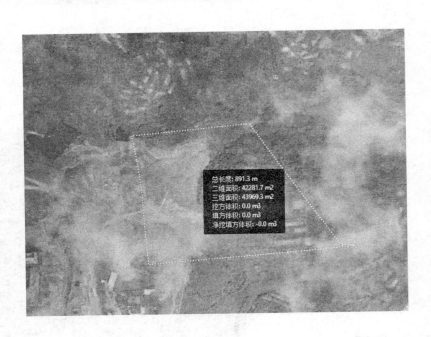

图 3-58　地形统计信息

10. 选择可见对象

选择该视图所有可见的要素模型，注意在选择的时候，外面有个大框图，如果要选择整个地形，这外部大框图必须全部选择整个地形，如图 3-59 所示。

图 3-59　选择可见图像

11. 过滤器选择

选择要素模型已介绍过。这里不再做介绍。

3.5　洪水模拟

洪水模拟可以对当地地区淹没做一个分析，根据颜色不同来显示什么地方先淹没，什么地方后淹没。洪水模拟使用的是浅水方程模型。可以将当地的降雨量导入到分析面板，这个主要是结合水和力一起进行分析的。

主要操作步骤是首先定义洪水模拟研究区域的边界。在进行交通模拟和移动模拟的时候均需要绘制相应的研究区域，这里一般是按照当地淹没的最大高程进行绘制的。然后还需要指定进水口和出水口。InfraWorks 会将此信息传递到 Hydronia RiverFlow2D 用于计算。然后就是排水、时间水位的输入、确定曼宁值、模拟时间、间隔数值输入。

最后就是点击运行模拟，在模拟的时候会进行视频播放，如图 3-60 所示。洪水模拟对隧道涌水有十分重要的意义，在进行隧道施工的时候，隧道涌水是一个不可避免的事情，在以设计最大涌水量进行计算的时候，隧道口的涌水量可以淹没多大的区域，受损的地区有多大，提前进行洪水模拟就可以提前做好防御措施，引导水的出水方向。市面上还没有据有此功能的其他分析功能的软件。所以在进行淹没地区模拟时，这个分析功能很有现实意义。

图 3-60　洪水模拟动画播放器

1. 参数解释

静态: 静态是流率为固定且是一致的, 以 m^3/s 为单位。

排水与时间: 水量与时间的线性关系, "洪水模拟" 选项板将指定测量单位。

高程与时间: 高程与时间线性关系。

三角形大小 (m): 三角形越小, 精度越高, 三角形个数和精度成正比。

曼宁系数 (N): 为每一个三角形都指定一个曼宁 N 值。可以 "统一" 或 "分布式"。

统一: 曼宁 N 值为 0.02。

分布式: 可以自行设置混凝土、其他材质的曼宁系数。

模拟时间: 总模拟时间, 以 h 为单位。

间隔: 间隔长度, 以 min 为单位。

2. 操作讲解

第一步: 选择要分析的区域。

第二步: 选择参数。

第三步: 选择相应的主题, InfraWorks 提供了 "水面高程" "深度" "流速" 三项主题。"水面高程" 会对不同水的高程进行颜色区分, "深度" 对水的深度进行颜色区分, "流速" 会对水的流向进行颜色区分。

第4章 设计、查看和建造道路

道路设计均在该选项，可以规划道路、查看已经建造好的道路、或者直接建造相关道路，桥梁和隧道都是基于道路创建的。不创建道路是无法创建桥梁、隧道的。

首先，我们需要明确规划道路与组件道路的区别，规划道路是模型生成器生成的道路，是真正存在的道路，而组件道路则是我们需要的道路，可以理解为组件道路是还未真正实施的道路，支持建模和高级分析功能，在对规划道路进行分析的时候，一般需要将规划道路转换为组件道路。

然后，道路模型创建，可以在 InfraWorks 中创建，但是精度不高，如果需要创建高精度的模型，就要再配合 Autdesk Civil 3D 进行创建，这也是 InfraWorks 决定的，其主要注重规划，侧重前期，对于施工阶段的模型，是达不到施工模型要求。

最后就是分析功能，道路优化、纵断面优化均能很好地给设计者提供参考依据，这也是 InfraWorks 最为强大的功能。而且优化报告专业性低，符合 BIM 应用的特点。

4.1 执行分析以准备设计道路

1. 地形主题
创建、管理和分析基础设施模型中已经详细介绍该功能。

2. 道路优化
道路优化是 InfraWorks 中一个十分强大的功能，可以对组件道路分析，分析成本、构筑物、材料等诸多施工、成本信息。道路优化功能比纵断面优化功能分析内容更全、更丰富。首先介绍道路优化。

1）道路优化主要操作步骤：

第一步：选择道路、相应的速度、作业说明、结构样式，这里的结构样式分道路、桥梁、隧道，如果事先设置好，就不需要创新选择，如果事先没有设置好，这里就需要重新选择。然后查看路径，确认路径是否正确，如图 4-1 所示。

第二步：通过回避区域和适配地图，确定大致的道路路径，特别注意河流、建筑物、其他规划土地，均需要设置，最后结果出来，就不会经过这些地区，如图 4-2 所示。

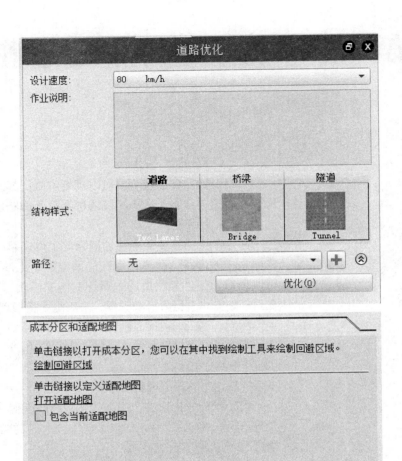

图 4-1 道路优化设置

图 4-2 成本分区和适配地图

第三步：施工规则，何种填方高度会采用桥、何种挖方高度会采用隧道需要设置，还有关于填挖方的坡度均需要设置，以保证优化结果的可行性，如图 4-3 所示。

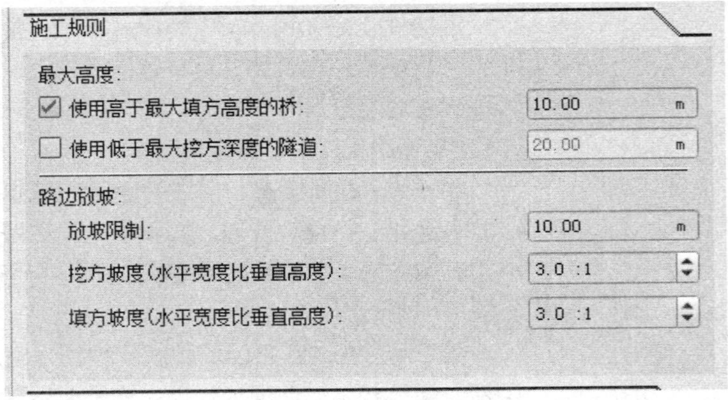

图 4-3 施工规则

第四步：设置最小半径，避免设计不合理，如图 4-4 所示。

路线约束

最小半径: | 280.89 | m

图 4-4 路线约束

第五步：对最大坡度进行约束，如图 4-5 所示。

纵断面约束

最大坡率: | 6.00 | %

图 4-5 纵断面约束

第六步：确定各项施工清单单价，使优化成本更合理，如图 4-6 所示。

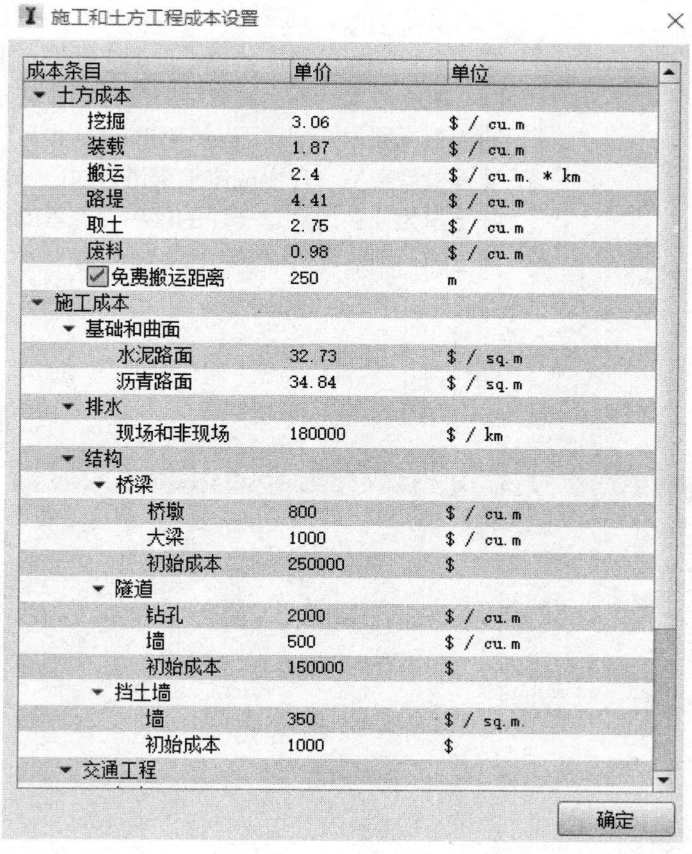

成本条目	单价	单位
▼ 土方成本		
挖掘	3.06	$ / cu.m
装载	1.87	$ / cu.m
搬运	2.4	$ / cu.m. * km
路堤	4.41	$ / cu.m
取土	2.75	$ / cu.m
废料	0.98	$ / cu.m
☑免费搬运距离	250	m
▼ 施工成本		
▼ 基础和曲面		
水泥路面	32.73	$ / sq.m
沥青路面	34.84	$ / sq.m
▼ 排水		
现场和非现场	180000	$ / km
▼ 结构		
▼ 桥梁		
桥墩	800	$ / cu.m
大梁	1000	$ / cu.m
初始成本	250000	$
▼ 隧道		
钻孔	2000	$ / cu.m
墙	500	$ / cu.m
初始成本	150000	$
▼ 挡土墙		
墙	350	$ / sq.m
初始成本	1000	$
▼ 交通工程		

施工和土方工程成本设置   ×

确定

图 4-6 施工与土方工程成本
设置

2）作业监视器

按照上述操作后，就可以进行优化结果分析，该报告会出具 PDF 文件，并且通知个人邮箱，在分析的过程中通过软件作业监视器可以查看报告进度。现在来详细分析作业监视器的相关功能。

类型：道路、桥梁、隧道。

状态信息：

🗇：排队。

⇄：正在进行。

✔：已完成。

⊠：已中断。

⏰：超时。

⚠：错误。

提交时间：当前提交的时间。

结束时间：报告完成的时间。

项目里面会详细介绍该道路优化之前在高级设置里面的成本分区、适配地图、施工规则、路线约束、纵断面约束、施工、土方成本信息。

软件所有分析功能均可以在作业监视器中查看进度，并且优化结果完成后，会创建一个优化之后的要素模型，以方便对比分析。

作业监视器面板可以查看道路优化报告，如图 4-7 所示，还有一个非常重要的功能，就是将 InfraWorks 分析出来的道路优化方案与原来的规划道路一同进行对比分析，更加清晰地发现操作者设计规划道路存在的问题，能够直观地看出两者存在的问题和成本，在汇报和总结的时候更加容易的有说服力。同时因为创建的道路也可以编辑，那么可以调整一部分的要素模型数据，在以成本结果进行对比。或者在进行设计变更的时候，更好出具为什么改动这一块的理由，这里的道路都是根据三维地形实际分析得出的，地形数据都是包含高程点的。

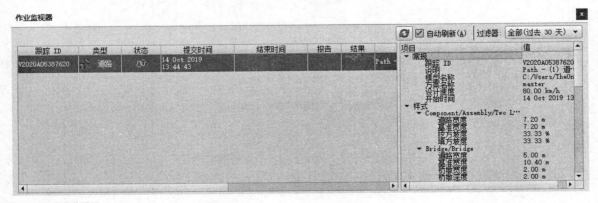

图 4-7　作业监视器

针对创建优化后的道路重新命名，如图 4-8～图 4-10 所示，方案设计面板也会显示该道路名称，同时，从要素模型当中可以看出，之前采用高填方路基的要素模型，全部采用桥梁进行创建，而在现实中高填方成本的确高于桥梁成本，所以这也是合理的。

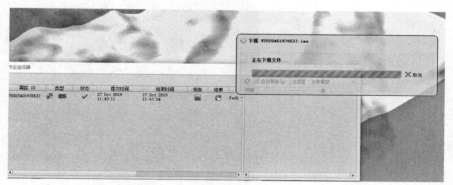

图 4-8　优化后的要素模型生成

图 4-9　优化后的道路模型确定选项

图 4-10　道路优化

3）优化结果分析

分析完成后，会出具一份优化结果报告，接下来将对结合报告做进一步解读。

第一项：平面视图，如图 4-11 所示，该平面视图包含两条线路，一条是优化之前的路线和优化之后的路线，会对交叉口、起始和终止位置变坡点、回避区域、废料坑、取土坑的说明。

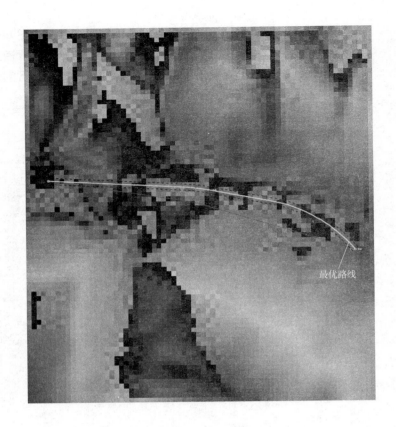

图 4-11　平面视图

　　第二项：纵断面视图，变坡点、固定点、取消起始 / 终点、道路纵断面、废料坑、取土坑、高程比例进行说明，如图 4-12 所示。

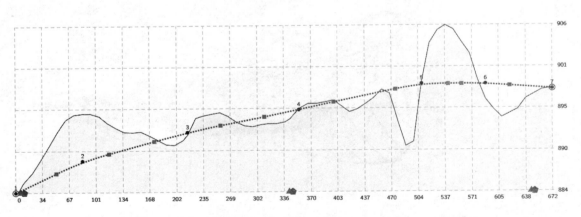

..... 道路纵断面；● 变坡点；○ 固定；■ 曲线起点/终点；　　废料坑；　　▲ 取土坑；高程比例9.7：1

图 4-12　纵断面视图

第三项：道路优化后的基本信息。

　　分为路线信息、纵断面信息、施工信息。会对优化后的道路基本信息进行说明，如图 4-13 所示，相当于一份总结，后面将会对其以桩号进行分解。

1. 路线信息

线性单位:	meter	最小半径:	300.00
设计速度:	80	最小超高:	4.00 %
样本宽度:	13.60	交叉口和曲线的数量:	4

2. 纵断面信息

项目总成本:	$314,763	变坡点数:	7
线性单位:	meter	最大坡率:	5.00 %
设计速度:	80	所需的排水坡率:	0.00 %
长度:	671.83	最小变坡点间距:	50.00

3. 施工信息

施工总成本:[1]	$218,403	桥梁前的最大填方高度:	15.00
桥梁数量:	0	隧道前的最大挖方深度:	N/A
隧道数量:	0	采样线距离:	10.00
挡土墙数量:	0		

图 4-13　基本信息

第四项：道路总体成本信息。

对道路成本计算方式进行说明，如图 4-14 所示。

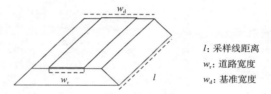

l: 采样线距离
w_r: 道路宽度
w_d: 基准宽度

图 4-14　道路成本计算样板

备注说明：

施工成本使用选定的总成本或样式，以及施工子截面长度的采样线距离计算。以下介绍了不同总成本的各个成本计算。总施工成本为各个子截面成本之和。

每线性单位的道路成本为 Wr·(0.3·C+0.7·A)+D+S+L+G 其中，C 是每平方单位水泥路面成本；A 是每平方单位的沥青路面成本；D 为排水成本；S 为标记成本；L 为照明成本；G 为信号成本（均为每线性单位）。

道路宽度为道路车道数乘以单个道路车道的宽度，它不包括中间带和人行道等宽度。

图 4-15　道路总成本结果

结果如图 4-15 所示。

每线性meter 道路成本:[2]	$324.65	边坡挖方坡度:	0.33
道路宽度:[3]	3.60	边坡填方坡度:	0.33
基准宽度:	3.60		

4. 土方信息

土方总成本:	$96,361	最大截面长度:	33.59
土方截面数:	20	废料坑数:	3
土方子截面数:	87	取土坑数:	3
地层数:	1	样本宽度:	13.60

第五项：土方信息。

土方成本在道路填挖中占有重要位置，道路分析没有桥梁，就分析整体道路，如果有桥梁，就需要专门对桥梁进行分析，如图4-16、图4-17所示。

累计挖方:	1,075.69	挖掘成本:	$3.06
累计填方:	1,075.69	装载成本:	$1.87
净体积:	0.00	搬运成本(每千米):	$2.40
体积单位:	立方meter	路堤成本:	$4.41
层名称:		废料成本:	$.98
可重用系数:	1.00	取土成本:	$2.75

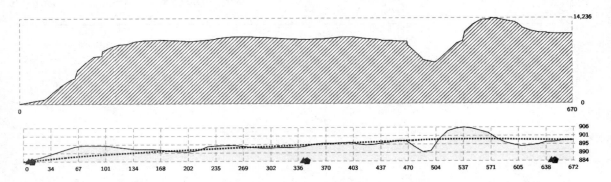

图4-16　土方信息（上）
图4-17　土方图（下）

针对设置的废料坑、取土坑，优化结果还会提出具体的搬运方案，如图4-18所示。

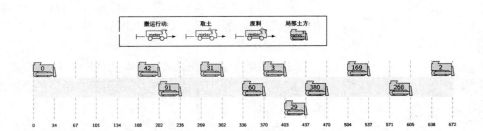

图4-18　搬运方案

第六项：横断面信息。

InfraWorks会根据里程划分不同的道路横断面优化结果，横断面优化结果包括挖方面积、填方面积、道路高程、高曲面、低曲面、每线性道路成本、道路宽度、基准宽度，如图4-19所示。

挖方面积:	0.00
填方面积:	17.39
道路高程:	897.92
高曲面:	898.14
低曲面:	895.30
每线性meter 道路成本:	$324.65
道路宽度:	3.60
基准宽度:	3.60

图4-19　横断面信息

第七项：体积报告，如图 4-20 所示。

第八项：曲面信息，如图 4-21 所示。

第九项：交叉口 / 曲线列表，如图 4-22 所示。

第十项：变坡点列表，如图 4-23 所示。

操作者可根据实际需求选择相应的数据，作为自己规划道路的依据。优化需要积分，如果优化不成功需要考虑积分问题。

桩号:	挖方面积: (m²)	挖方体积: (m³)	填方面积: (m²)	填方体积: (m³)	累计挖方: (m³)	累计填方: (m³)	累计净值: (m³)
0.00	0.02	0.00	0.02	0.00	0.00	0.00	0.00
33.59	45.63	721.67	0.00	0.08	721.67	0.08	721.60
67.18	131.71	3,164.91	0.00	0.00	3,886.59	0.08	3,886.51
100.77	97.38	4,070.22	0.00	0.00	7,956.81	0.08	7,956.73
134.37	28.23	2,020.32	0.00	0.00	9,977.13	0.08	9,977.05
167.96	7.40	627.04	0.00	0.00	10,604.17	0.08	10,604.09
201.55	0.00	42.49	9.36	146.48	10,646.66	146.56	10,500.10
235.14	18.65	214.86	0.00	91.28	10,861.52	237.84	10,623.68
268.73	5.90	527.04	0.00	0.00	11,388.56	237.84	11,150.72
302.32	0.00	31.09	7.65	127.80	11,419.66	365.64	11,054.02
335.91	0.00	0.00	9.34	277.32	11,419.66	642.96	10,776.70
369.51	7.00	60.04	0.00	94.86	11,479.70	737.82	10,741.87
403.10	8.40	372.74	1.18	2.75	11,852.43	740.58	11,111.86
436.69	0.00	29.01	18.15	441.60	11,881.44	1,182.17	10,699.27
470.28	0.00	379.72	35.91	740.64	12,261.16	1,922.81	10,338.34
503.87	0.00	0.00	55.31	3,398.14	12,261.16	5,320.96	6,940.20
537.46	168.41	3,228.33	0.00	169.49	15,489.49	5,490.45	9,999.04
571.05	46.46	4,001.65	0.00	0.00	19,491.14	5,490.45	14,000.69
604.65	0.00	268.18	57.11	710.71	19,759.32	6,201.16	13,558.16
638.24	0.00	0.00	17.39	1,746.08	19,759.32	7,947.25	11,812.08
671.83	0.20	1.56	0.20	191.62	19,760.88	8,138.86	11,622.02

图 4-20　体积报告

名称:	N/A	平面单位:	meter
曲面宽度:	72	水平分辨率:	10.00
曲面高度:	80	垂直分辨率:	10.00
坐标系:	UTM84-48N	高程单位:	meter
西南角(经、纬度):	504,475.099644, 3,182,666.927963	最低高程:	884.00
东北角点(经、纬度):	505,195.099644, 3,183,466.927963	最高高程:	1,082.00

图 4-21　曲面信息

交叉口	经度	纬度	半径		交叉口	经度	纬度	半径
*1	505,157.02163	3,182,990.333	0.00		3	504,827.0597	3,183,125.671	332.21
2	505,082.19708	3,183,076.134	300.92		*4	504,521.7733	3,183,142.617	0.00

图 4-22　交叉口 / 曲线列表

变坡点	桩号	高程	曲线长度		变坡点	桩号	高程	曲线长度
*1	0.00	884.06	0.00		5	508.25	898.35	65.75
2	83.84	888.26	65.55		6	588.37	898.31	60.06
3	215.34	892.02	83.18		*7	671.83	897.66	0.00
4	354.79	894.92	86.75					

图 4-23　变坡点列表

3. 交通模拟

1）交通模拟介绍

InfraWorks 作为一款智能协同软件，主要作用在于协同各专业基础设施 BIM 模型，针对模型做进一步分析研究。在交通模拟方面，软件自带丰富道路和汽车类型，基本上满足各级道路分析研究要求，同时软件自带模型生成器，可以针对全国任一地区进行模型创建，在大城市区域，不仅生成地物还有道路、池塘、房屋建筑等，在进行交通模拟时非常方便、快捷。主要分析流程为：首先，确定研究道路路口和实际地理位置；其次，确定道路模型，道路模型需要根据实际道路确定；再次，确定车辆参数等模型参数，软件提供诸多参数，为了保证分析的精确性，收集数据要精确；然后，划分交通研究区域，研究区域自定，选定所需地方为研究的道路或者区间；最后，点击分析即可。分析过程比较简单，主要是根据此结果不断进行对比分析。比如，分析今天上午、下午各个时间段的车流量情况，分析结果帮助操作者做出决定。最后的分析模拟结果如不满足要求，则要进行交通模拟需求分析，简单来说如果道路不满足车流量需求，就需要根据车流量来推论采用何种道路或者改造哪条道路。此需求分析是根据实际需求参数进行分析，比如针对双向四车道，设计 100 辆车与 200 辆车的流量结果进行对比分析，找出当前道路网络存在的问题，软件会自动分析，只需要输入需求，就能得到相应的结果，在城市道路设计时非常有用。

2）模型及参数设置

在模型和参数设置这里，一旦创建模型即可创建参数。模型创建完成之后，需要考虑把十字路口和周围的道路链接起来形成一个整体，如果有些道路没有名字或者软件标注不是很清楚，在这里可以查看百度地图进行对照标注。创造的模型面积比较大，而研究分析区很小的时候，难以查找时，只需要点击交通模拟，软件就会查找到相应的研究区域，前提是之前已经创建好了研究区域。如果创建的模型导入其中，一定要把模型与其他道路连接起来。这样做有两方面的好处，一方面是创建的模型很好的和实际地物融合在一起，比较真实和美观。另一方面，针对一个独立的十字路口进行分析，软件将会出现错误的分析结果，因为没有和其他道路形成一个网络，肯定是无法得出分析结果的。模型创建完成后，就要考虑一个非常重要的问题，目前车流量是多少，后续更改都是针对已有车流量进行对比分析，以帮助我们找到最优解决办法。主要采集的数据有车流量、车辆型号、时间段这三点主要数据，这些数据可以找交通部门咨询，如果车流量不是很大，自己也可以抽时间观察，在这里务必保证所得数据准确，以获得精确的交通模拟分析。在进行汽车系数设置与需求分析时，操作步骤上没有严格的区分。在进行对比分析研究时，因软件具有三维动态可视化功能，在进行对比分析时，更换道路样式或者车辆形式，软件将会马上更新，十分方便、快捷。这里数据均是直接从业主单位查询，数据真实性可信。无需对数据进行进一步处理，直接在模型中输入相关参数，方便快捷。

3）模拟分析与动画展示

周围车流量主要集中在上班高峰期，挑选一个高峰期进行研究与分析。交通研究区域范围在十字路口周围 62m×83m 内，在车辆行走道路适当延长分析区域，早上 8 点 ~9 点交通高峰期时拥堵情况。点击运行模拟后，软件将会自动创建，路口造成拥堵的时候，将会显示为红色。动画播放器自动生成，在播放时快进 10 倍、20 倍等方便直观动态观察车辆情况。这里生成的结果报告非常有用，从报告中可以非常直观地看出每一个车的离开时间、到达时间等，甚至二氧化碳、PM10 环保数值都会列出，满足再做对比分析所需要的数据。

4）交通模拟参数说明

时间段：

开始时间，HH ： MM 格式指定。

结束时间，HH ： MM 格式指定。

时间段是可以任意指定的，这些就需要收集当地的交通情况进行输入。

①参数—行为

确定每个模型中人所做的一些决策，每一种行为可以单独建模，以满足最切合实际的效果。

②参数 / 行为 / 群

群是行为的混合，创建新的行为就会自动创建新的群。

③模式选项

True 为真 False 为假。

可以"步行"表示此"行为"的人员可以将步行作为出行模式。

可以"开车"表示此"行为"的人员可以开车至停车区或过渡区。

可以"搭乘"表示此"行为"的人员可以乘坐公共交通时。

可以"乘坐"表示出租车此"行为"的人员可以乘坐出租车。

可以"骑车"表示模型中此"行为"的人员将骑车且存在相关车辆类型时。

可以"被人送"表示此"行为"的人员可以被人开车送到指定下客区。此模式意味着该人员自己有车和司机，因此无需付停车费。同理，可以"被人接"，此"行为"的人员将在指定上客区被人开车接回。

④行为 / 步行成本

每秒步行成本：步行时间价值。

步行成本 / 距离：步行距离价值。

步行成本 / 基础：用于相对距离较长的成本。

⑤行为 / 驾驶成本

每秒驾驶成本：驾驶时间成本。

驾驶成本 / 距离：驾驶距离成本。

驾驶成本基础：总体成本。

⑥行为 / 交通（搭乘、等候）成本

每秒搭乘成本：公共交通出行的时间成本。

搭乘成本 / 距离：搭乘公共交通出行的距离成本。

搭乘成本 / 基础：公共交通基础成本。

每秒等待成本：等待交通运输工具的成本。

⑦行为 / 停车

停车时长：计算停车成本，以小时计。

停放车辆：根据车辆类别进行分类。

乐观者：司机会设想某一个区域仍有空车位。

⑧行为 / 驾驶

最小间隔：交通拥挤时车辆之间可以靠近的最小距离。

（目标）发车间隔时间：计算每辆车发车间隔时间。

反应时间：用于车辆跟随计算。

安全系数：用于计算停车距离。

车道（变换）间隔：用于车道变换算法。

限制：用于控制车道上面可以行驶的车辆类型。

名称：自动创建名称。

说明：对名称进行更进一步描述。

颜色：在"图层"窗格选项板中使用。

时间段：限制应用的时间段。

群："限制"应用的单个行为或行为组。

权限：禁止、允许或强制。

小区域：汽车距车道末端的距离，如果超出此距离则任何车辆都可以使用该车道。

⑨车辆

有大型车、中型车、小型车、大型卡车、小型卡车。

名称：自动创建。

说明：对名称更进一步描述。

行为：与此车辆类型关联的行为。

颜色：汽车颜色识别。

实体形状：用于设置"实体"模式中使用的三维形状。

实体组：将车辆类型与一组三维形状关联，一种类型的所有实例在详细模式就会有不同显示。

出租车：该车可以在出租车功能区域进行服务。

自助车：自助车与其他车辆是分开计数。

紧急：紧急车辆可以不遵守一些规则而执行相关目标。

车辆尺寸

长度、宽度、高度：车辆的三维尺寸。

质量：车辆的重量。

尺寸变化：尺寸修改。

侧间隔：车辆在超越同一车道与其他车辆时最小的侧面间隔。

额外：额外人员数量。

载货底部距离：车辆底部与路面的垂直距离。

载货前部和后部距离：车辆前缘与负载的水平距离，以及车辆后缘与负载的水平距离。

载货侧面距离：车辆两侧与负载区的水平距离。

载货容量：车辆载货最大载重量，避免超重。

⑩车辆动力学

轮胎摩擦：控制车辆转弯的最大速度。此参数的默认值为 0.8。

间隔因数：主要用于增加或减少车辆与后面其他车辆的间隔。

冲突因数：主要用于增加或减少车流交汇处的交叉和会合时间。

保持：设置车辆行驶路侧。

⑪车辆附件

控制：用于描述控制的车辆类型。

连接角度：连接类型的连接角度。

连接距离：到前导类型外围的距离，连接类型将绕前导类型的枢轴旋转。

5）分析结果说明

分析完成后将会产生一个 Excel 表格，表格中将会详细说明各项数据，以供操作者参考。

①概要

已完成行程的驾驶距离：所有车辆全部行驶距离的总和。

已完成行程的驾驶时间：从模型中车辆创建开始，一直到最后车辆行驶完成后的所有时间。

未完成驾驶的距离 / 时间：所有未到达目的地的车辆将会在这里显示。

未发车时间：因为一些原因，当模拟已经开始时所有的无法发车的车辆时间总和。

额外距离 / 时间：除去已经定义的人员，其他额外人员的总距离和总时间。

出发：已成功发车的车辆。

未发车：应发车但是因为交通原因没有发车。

到达：已经成功到达目的的车辆。

LOS 服务等级：从字母 A 到 F。

延迟：车辆堵车的延时。

最大队列：最大长度的排列候车。

②道路

车辆：完成此行人天桥的车辆计数。

人员：所有车辆上的人员计数。

平均时间：人行天桥的平均出行时间。

流量：由第一个事件和最后一个事件之间的车辆计数计算得出的流量。

间隔：最后两辆车之间的头到尾间隔。

车辆长度：所有车辆平均长度。

密度：车辆平均长度计算得出的密度。

间隔速度：由占用和平均车辆长度计算得出的速度。

6）交通模拟操作步骤

第一步，选择需要研究的区域，注意该区域必须选择在十字路口，也可以不局限于一个十字路口。选择名称、结果体积、延迟阈值、模拟方法等信息。

第二步，点击运行模拟，InfraWorks 就会开始自行进行模拟分析。面积越大分析时间越长，这里的十字路口会整合整个地形图所有的路线来进行分析，所以在实际工程中进行模拟分析，需要将组件道路与规划道路结合进行分析，如图 4-24 所示。如果模拟取消，下次点击交通模拟，InforoWorks 将会自动回到之前进行交通模拟的区域，后面移动模拟也是一样。

第三步，数据输入，输入当地车流量、车辆类型等数据，不断对比分析结果，如果由动画不好分辨最终结果，可以进行第四步操作，根据分析结果来进行更进一步分析研究。

第四步，结果分析，交通模拟会出具 Excel 分析报告，根据分析报告可以进一步得出当地车流量对当地交通的影响。

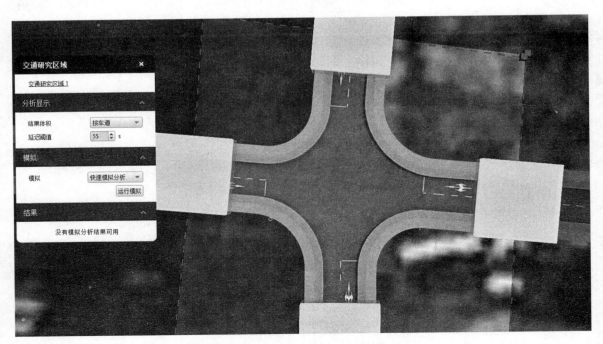

图 4-24　交通模拟

4. 纵断面优化

纵断面优化报告操作过程和道路优化报告一致，而且纵断面优化报告倾向纵断面，道路优化报告是基于整条道路。

但是在高级设置中纵断面优化就和道路优化高级设置不一样。面板是一样的，主要是高级设置数据选择。

首先是纵断面约束，如图 4-25 所示，该纵断面约束最大坡率、所需要的排水坡率、变坡点频率、最小变坡点间距、固定需要的变坡点，特别是最小变坡点间距和固定需要的变坡点两者需要设置好，不然无法启动纵断面优化。因为一旦确定固定需要的变坡点就在该里程处必须设置变坡点，但是 InfraWorks 在进行分析时，会根据相应的标准进行变坡点的调整，如果没有满足最小变坡点间距，则无法进行纵断面优化。

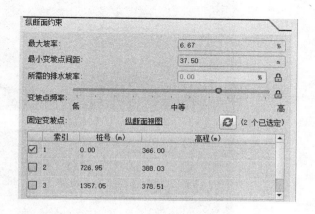

图 4-25　纵断面约束

在纵断面进行坡率调整的时候，可以直接调整出纵断面视图，如图 4-26 所示，进行坡率规划。

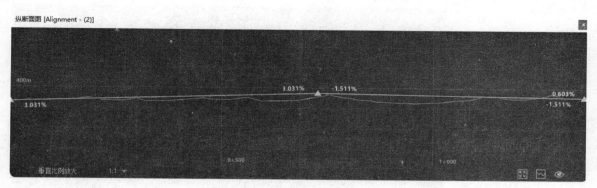

图 4-26　纵断面视图

在纵断面视图可以调整变坡点、在要素模型里面查看纵断面、显示在横截面中。这里不用设置要素线，整个纵断面中的管网、结构、曲面图层等均会显示。操作者注意纵断面视图不容易调整带曲线的纵断面，特别是 S 曲线。在考虑纵断面的同时，横断面一并需要考虑，这里只铺设道路，未铺设管网所以展示出来就没有东西。横断面有三种展示显示，如图4-27~图 4-29 所示。

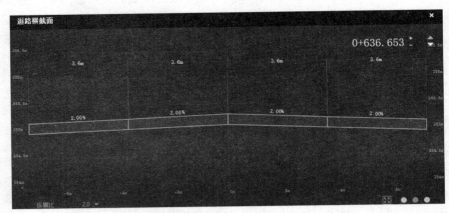

图 4-27 道路横断面超高视图

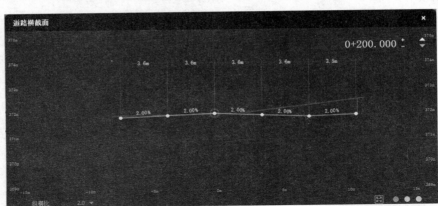

图 4-28 道路横断面道路部件视图

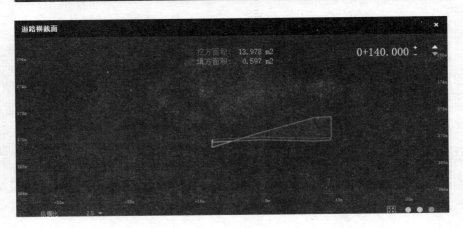

图 4-29 道路横断面挖填方视图

也可以在要素模型上面进行展示，这样更加方便操作者直观看出当前桩号或者地理位置的横断面，如图 4-30 所示。

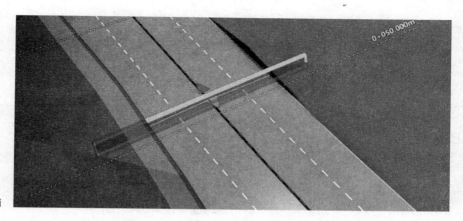

图 4-30　要素模型显示横断面

其次，选择取土坑 / 废料坑，根据实际情况选择，如图 4-31 所示。这里需要到道路上面直接选择。

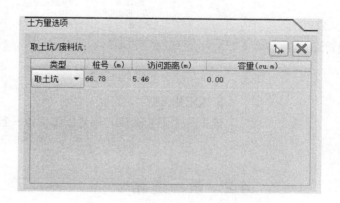

图 4-31　土方量选择

再次，施工规则里面只有是否放置桥梁或者隧道，没有道路优化里面的讲解详细，如图 4-32 所示。

施工规则

结构放置：
☑ 使用桥梁
☐ 使用隧道

图 4-32　施工规则

最后，就是施工与土方成本，这里和道路优化里面的高级设置—施工和土方工程成本设置一样，如图 4-33 所示。

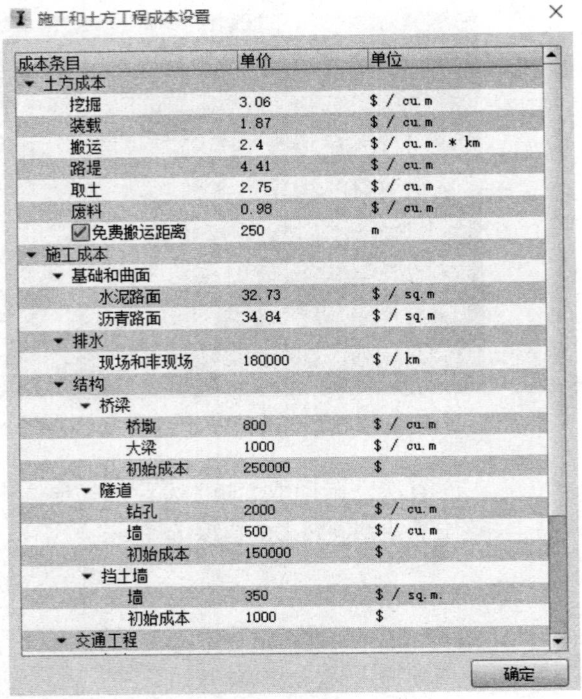

图 4-33 施工和土方工程成本

5. 太阳和天空

这里的太阳和天空，与分析模型里一致。

4.2 设计道路

1. 组件道路

前面的章节已经介绍过组件道路与规划道路之间的区别，通过组件道路创建的模型，边坡、道路样式、曲线要素均会设定好，但是 InforWors 只能进行大致地设计，无法确定详细的路线设计。规划道路可以在 OpenStreetMap 中显示，方便查看道路的真实性，如图 4-34 所示。

从图 4-35 中可以看出组件道路相关要素信息较少，无法达到精确的程度，组件道路一般用于规划道路。组件道路可以很好地执行替换、拆分组件来达到修改模型的目的。

（1）设计速度、超高信息

选择路线视图，点击右键，即可以显示路线设计速度和超高信息，如图 4-36 所示。

图 4-34 规划道路（实际存
在的道路）

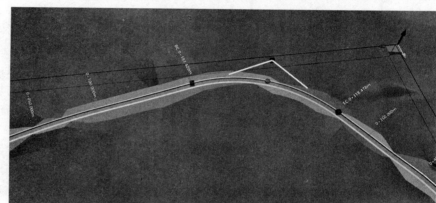

图 4-35 组件道路

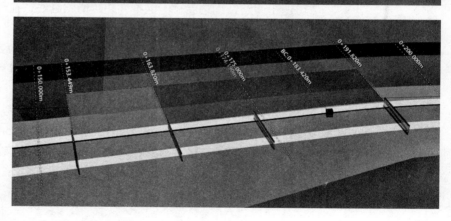

图 4-36 设计速度和超高信
息显示

其他涵洞、桥梁、隧道、排水等结构物均可以通过右键来进行添加。

（2）边坡

点击道路边坡就可以完成拆分边坡和添加挡土墙，如图 4-37 所示。

在创建概念设计道路的时候，我们可以选择多种样式的道路进行创建，
但是在设计道路时 InfraWorks 已经自动帮操作者确定道路样式。

图 4-37　拆分边坡

对于组件道路 InfraWorks 提供两种放坡样式。一种是固定坡度，就是以当前这种坡度一直放坡，一直放到与地形相交。还有一种就是固定宽度，以边坡底部宽度为要求，进行放坡不考虑坡度。如果需要对上述有所约束，那么就需要设置放坡限制。挖方坡度和填方坡度是两种不同的边坡样式，在 InforoWrks 中也可以单独设置，以方便查看。

2. 道路红线

道路红线，指规划的城市道路（含居住区级道路）用地的边界线。道路红线一般是指道路用地的边界线，如图 4-38 所示。有时也把确定沿街建筑位置的一条建筑线谓之红线，即建筑红线。它可与道路红线重合，也可退于道路红线之后，但绝不许超越道路红线，在红线内不允许建任何永久性建筑。

InfraWorks 中可以直接创建道路红线，也可以点击右键创建道路红线。道路红线转化为地块、建筑物、边界线。拆分要素后，可以在不同的距离设置不同的地面线。

创建道路红线有三种方法，一种就是平行绘制，根据道路平行绘制，一种是道路偏移，比如右幅偏移 10m，左幅偏移 5m，就可以采用这种道路偏移进行绘制。最后一种自由造型，可以自由绘制。

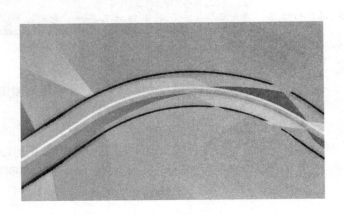

图 4-38　道路红线

3. 地块、地役权

地块和地役权在 InfraWorks 中可以相互转化，这里可以理解绘制一块土地用作他用。方便在规划道路的时候识别。绘制完成会在特性里面显示周长和面积，规则样式也可以在里面直接进行调整。地块和地役权与道路红线均可以直接互通，定义这块区域的土地不能使用。

4. 城市家具

在 InfraWorks 中进行模型放置，在完成主要结构物创建后，就需要进行细部结构的创建，比如消防站、灯泡、车辆等一系列附属设施。

5. 覆盖范围

之前也介绍过覆盖范围，说明覆盖范围内如何进行一些格式的导入，目前 InfraWorks 支持 DWG、IMX、CityGML、LandXML、SDF、SHP、SQLite、FDO 格式导入。这里的导入也是按照数据源要求进行导入。

6. 土地区域

土地区域覆盖范围的特点在于土地区域会自动平整场地，而且可以通过四个顶点调整坡度如图 4-39 所示。但是覆盖范围功能就不行，覆盖范围是自动贴在地形上。所以在进行施工范围的时候，一般绘制一块区域作为整体的场地类型，比如绘制一块区域作为拌合站用地，然后规划搅拌站位置为土地区域。

图 4-39　土地区域和覆盖范围

7. 关注点

在进行视频制作的时候，镜头走向会显示该结构物名称，方便查看，这里就需要添加关注点，当镜头离结构物一定的距离后，就会显示名称。这个距离操作者可以自己设定。

8. 样式选项板

根据样式选项板中各种分类，比如道路隔离带、覆盖范围、外墙、三维模型等一系列。在不同分析功能里面样式选项板里面的选项是不一样的。

9. 交叉口和环行交叉口

（1）交叉口介绍

在创建道路的时候，如果两条道路相交、高程差别不大，InfraWorks就会自动创建交叉口。InfraWorks 有两种交叉口形式，一种是十字路口、一种是弧形的。

（2）各自属性

对于环形交叉口，如图 4-40 所示，和十字路口，如图 4-41 所示，可以对一些属性进行设置。比如交点偏移、内切圆直径、护坦宽度等。这里就不介绍这些设置的属性，主要是进行交通模拟和移动模拟采用不同的交叉口成本是不一样的，最后还是需要根据成本进行分析。在进行操作时可以针对一块区域进行操作。更加有利于分析的准确性，如图 4-42、图 4-43 所示。

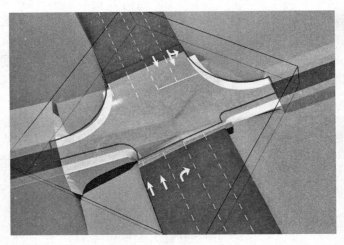

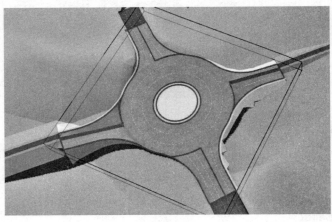

图 4-40　十字路口（左上）
图 4-41　环形交叉口（左下）
图 4-42　环形交叉口（右上）
图 4-43　十字路口（右下）

4.3 查看和修改设计道路

这里主要是对在建道路进行一系列分析，前面已经详细讲解过交通模拟、纵断面优化、道路优化、太阳与天空。这里就主要讲解视距、移动模拟、纵断面视图。

1. 视距分析

（1）视距分析

在经方案对比确定主施工便道最优路线后，就需要对警示牌设置和交叉口设计。传统的施工方法、路线往往结合地势考虑，存在精度不高、成本过高、返工风险大的缺点。通过 InfraWorks，可直接进行交叉口设计并动态更新视距，及时调整交叉口位置和警示牌位置。

具体分析流程如下：

首先，针对创建的主施工便道进行整体视距分析，掌握当前便道视线的无遮挡区、视线遮挡区、遮挡物分布情况和具体位置。

其次，在视线遮挡区进行警示牌布置，依据转换视距分析方法，选择停车视距或超车视距。

再次，结合主体工程施工点，进行分叉口设计。分叉口设计要保证次干道能够完全看得到主施工便道道路车辆情况。

最后，根据分析结果，再结合次干道起、终点位置，就可以确定次干道路线的大致走向和主施工便道的交叉位置。

具体操作流程：

点击查看和修改道路设计—视距分析—点击要分析的道路，就会弹出视距分析面板。其中在分析特性里面，方法里会有停车视距和超车视距。

停车视距：指的是同一车道上，车辆行驶时遇到前方障碍物而必须采取制动停车时所需要最短行车距离。超车视距：超车视距就是在双车道公路上，后车超越前车，从开始驶离原车道之处起，至超车后安全驶回原车道并与对向来车保持必要的安全距离所需的最短距离。

然后就是方向，这里主要是向前或者向后分析，向前就是指定点的前方，向后就是指定点的后方。

最后就是车道设置，车道这里分为最里边和外边，这里就是左侧驾驶和右侧驾驶。这个道路装饰的含义是视线是否受到比如路灯、树木等道路装饰物的影响。如果没有设置选择就没有受影响，如果设置选择就受到该道路装饰的影响。

分析的时候可以分析一个车道或者整条车道，分析结果将通过颜色来进行区分，如果需要分析某个位置的视距，就可以通过放置视点地操作来进行。

（2）视距分析选项

黄色：视图有遮挡。

绿色：视图无遮挡。

红色：遮挡物。

道路视距分析选项：

视线区域：不同的颜色代表分析道路上的各种影响区域，比如能见度良好的就用浅蓝色，黄色地区说明存在障碍物，如果是深色区域就说明可能此处因为障碍物造成车祸风险较大，需要特别注意。

视距包络图：主要是注明道路边界之外的视图，也是通过不同的颜色来进行区分。比如浅蓝色表示视线良好、红色表示遮挡物、深色表示视线受到影响。

视线区域：注明放置视点所看到的视线区域，也是通过颜色来进行区分，比如黄色表示视线受到影响，红色表示遮挡物、深色区域表示视线受到影响。

视距线：表示从视距点到目标点的线段，同样，通过颜色进行区分，黄色表示存在视线障碍，红色表示遮挡物。

距离直线：观察点与目标点之间的直线距离，如图 4-44 所示。

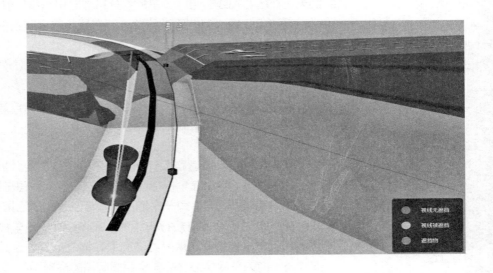

图 4-44　视距分析

2. 纵断面视图

前面已说明关于纵断面视图的功能，在这里需要强调的是纵断面视图最好在 Civil 3D 设计好再导入 InfraWorks 中，纵断面视图中目前存在如下问题。

（1）纵断面不方便调整，无法通过坐标进行调整，只能通过变坡点进行调整，所以存在曲线无法很好调整。

（2）数据输入不规范，对于一些设计道路没有根据设计标准进行调整，在输入数据时超过标准，InfraWorks 无法进行很好地识别。

（3）与传统的道路设计图存在差别，无法从纵断面桩号处快速得到土石方量。

3. 移动模拟

移动模拟主要是模拟人物在交通、停车场、出租车模式的动画模拟，之前在交通模拟中已经介绍过相关数据所代表的含义，如图 4-45 所示。在创建移动模拟时需要将模型分布在 InfraWorks 上，简单来说就是要将模型上传到云平台，同时，还需要安装支持插件 Java Runtime Environment。在交通模拟的同时，也需要安装这个插件。InfraWorks 提供三种支持 Java 运行时环境，一种是亚马逊 Corretto:https://aws.amazon.com/corretto/，一种是 OpenJDK:https://openjdk.java.net/，另外一种就是 Oracle Java SE:https://www.oracle.com/technetwork/java/javase/overview/index.html。

图 4-45　移动模拟

移动模拟主要操作步骤:

第一步，选择移动模拟区域。

第二步，输入相关参数，确定研究的相关数据。该插件主要作用是分析拥塞对吞吐量、延迟和平滑度（停止次数）对其的影响。测量队列长度特别是当队列向后扩展到先前的道路或通道交叉口。能够统计记录每一次完整的个人漫游过程。

作为外部控制系统的试验台，如红绿灯和变速限制。作为一种教育工具，图形显示是可视化系统的行为。

想要详细掌握 InfraWorks Mobility Simulation 可以查看帮助文档，如图 4-46 所示。

第三步，报告分析，Mobility Simulation 具有诸多功能，可以当作一个单独的软件使用，这里着重分析经济评价，如图 4-47 所示。

[Logo]

InfraWorks Mobility Simulation

User Manual

UK English

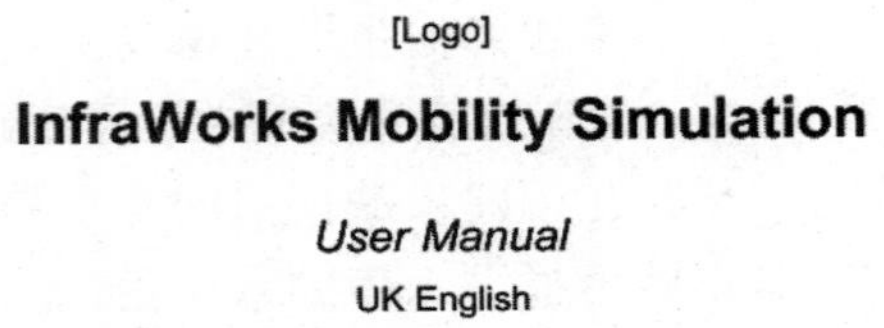

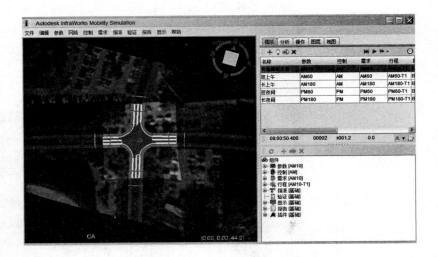

图 4-46　Mobility Simulation 帮助文档

图 4-47　InfraWorks Mobility Simulation 操作面板

经济评估是工具创建的一个报告，其中列出每次行程以及模拟期内所有行程的摘要。这个用于评估拟定设计的效益成本比（BCR），或比较两个或多个设计的 BCR，如图 4-48 所示。

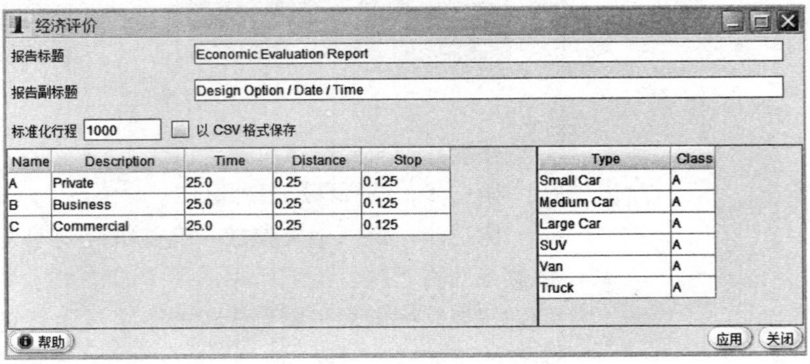

图 4-48　经济评价选项板

报告标题，报告副标题（可选）：这些显示在生成的报表电子表格的首页。他们可以是直接在电子表格中修改，但在此处保存值可保存。

正常化的总行程（可选）：如果使用不同的旅行集，也就是用不同的随机种子产生的旅行集模拟将产生不同的答案。标准化值为应用于距离、时间、站点和衍生成本的总值，当几个不同的行程设置使用。对于简单的需求配置，此值应设置为 OD 矩阵中所有值的总和。对于复杂的需求配置，如多个需求矩阵、需求曲线等，可能很难确定准确的值。在这种情况下，选择一个接近所有网络选项的平均值。

以 CSV 格式保存：将数据以 CSV 格式保存为多个 CSV 文件，压缩成一个 ZIP 存档文件，而不是一个 XLS 文件。如果没有访问可读取 XLS 格式要读取 XLS，可以使用 Microsoft Excel，或者其他软件，如 OpenOffice。

按类型保存页：如果选择此选项，则另存一页（XLS：）。将其中的每个代理类型生成工作表（CSV: File）。

模拟：选择此选项，则除了汇总信息的摘要页、其他摘要页均适用该类型，如果未选择，则只有汇总信息的摘要页适用。

记录参数：如果选择此选项，则为常规输入的副本参数页与输出数据一起保存。

记录假设：如果选择此选项，将生成一页显示计算中使用的假设和定义。"服务"选项卡：此选项卡仅包含可选参数，允许指定某些公共交通服务路线具有特殊意义。

4. 涵洞设置

对于已经创建好的道路，InfraWorks 提供创建涵洞的功能，并且能对涵洞创建进行流量分析，以保证排水要求。

具体操作步骤：

第一步，点击道路，然后选择涵洞设置的桩号。确定桩号后，调整涵洞与道路的角度。设置好了后，涵洞上面会提示上游、下游的车、流速单孔流量，作为操作者调整高度与方向的参考依据，如图 4-49 所示。

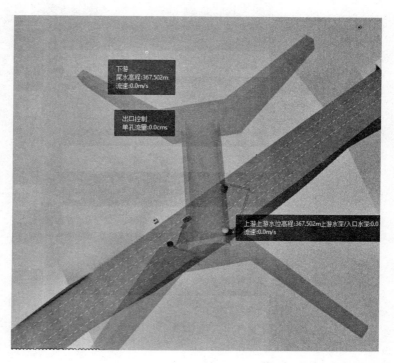

图 4-49 涵洞设置

第二步，涵洞属性设置。首先是类型里面的入口配置，这里主要设置涵洞外墙形式，带瑞壁的方形边、瑞壁的槽末端、槽末端投影，这里对三种样式分别进行展示，如图 4-50~ 图 4-52 所示。

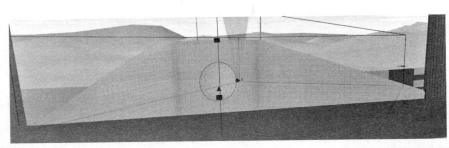

图 4-50　带瑞壁的方形边

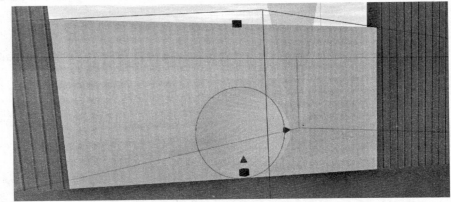

图 4-51　瑞壁的槽末端

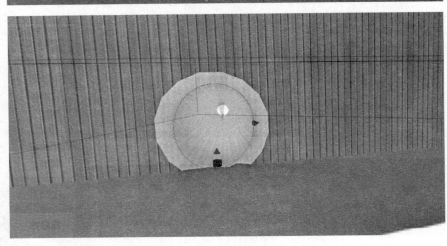

图 4-52　槽末端投影

针对三种形状，分别有尺寸的设置，比如形状、尺寸、材质、曼宁系数（后面将会深入讲解曼宁系数）进行常规设置。

最后进行性能分析和一些坡度和高程设置。几何图形设置一般是根据图形布置确定的，无法进行调整。几何图形包括大小、涵洞长度、入口管道内底高程、出口管道内底高程、坡度、倾斜角度，如图 4-53 所示。

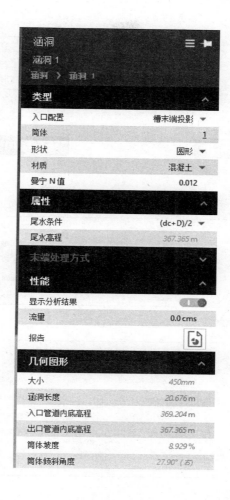

图 4-53　管道属性设置

5. 涵洞性能优化

在涵洞进行分析后，会得出一个涵洞优化报告，该涵洞优化报告会对涵洞基本情况和优化情况做一个介绍。

（1）涵洞信息（见图 4-54）

涵洞长度（m）：20.68。

坡度（%）：8.93。

倒升入口（m）：369.20。

倒立上升出口（m）：367.37。

尺寸：450mm。

形状：圆形。

曼宁值：0.012。

涵洞材料：混凝土。

基本类型：槽末端投影。

（2）计算结果

因为没有设置水流流域、所以现在进行分析的结果全部为零，如图 4-55 所示。

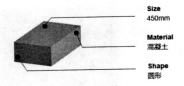

Size
450mm

Material
混凝土

Shape
圆形

HW ELEV	HGL UP	HGL DOWN
367.37 m	367.37 m	367.37 m

CULVERT

Culvert Length (m)	20.68	Slope (%)	8.93
Invert Elev Entrance (m)	369.20	Invert Elev Exit (m)	367.37
Size	450mm	Shape	圆形
No. Barrels	1	Manning's n	0.012
Culvert Material	混凝土	Inlet Configuration	槽末端投影

图 4-54 涵洞基本信息

CALCULATION

Design Flow (cms)	0.00	Flow per Barrel (cms)	0.00
Tailwater Condition	(dc+D)/2	Tailwater Elev (m)	367.37
Velocity Up (m/s)	0.00	Velocity Down (m/s)	0.00
HGL Up (m)	367.37	HGL Down (m)	367.37
Headwater Elev (m)	367.37	Hw/D	0.00
Flow Regime	Outlet Control		

图 4-55 涵洞计算值

设计流量（cms）: 0.00。

每桶流量（cms）: 0.00。

尾水工况:（DC+D）/2。

尾水高程（m）: 367.37。

速度上升（m/s）: 0.00。

速度下降（m/s）: 0.00。

升汞柱（mmHg）: 367.37。

降汞柱（mmHg）: 367.37。

上游水位（m）: 367.37 HW/D 0.00。

流态: 出口控制。

（3）路堤

这里主要是包含道路的标高和宽度。

顶标高（m）367.37; 顶宽（m）30.00。

涵洞优化这一块主要是根据涵洞的实际几何图形和高程分析得出流速的关系。把这些数据全部整合在一起, 这样根据优化结果不断调整几何图形、高程等这些数据, 从而得出最优的配置。

第5章　设计、查看和建造桥梁、隧道

InfraWorks 为操作者提供了桥梁、隧道建模。桥梁、隧道建模均是基于道路创建，无法独立创建。虽然 InfraWorks 创建的桥、隧道模型比较简单，无法与其他软件创建精细化模型相比较，但是，InfraWorks 本来就是为操作者提供方案对比分析，而不是进行精细化建模。再加上 InfraWorks 创建的模型可以导出 Civil 3D 和 Revit，可以为模型创建节约很多时间。

5.1　桥梁

InfraWorks 支持"预制工字型大梁"和"钢板大梁"桥梁类型，它们支持不同的桥面、桥台、桥墩、大梁和支座组件。这些混凝土和钢桥梁类型的默认设置由样式选项板的桥梁目录中的混凝土和钢桥梁部件设置。在样式选项板里面可以修改这些桥梁样式或创建新的样式应用于桥梁。在桥梁特性里面只是针对这个桥梁所具有的样式进行设置。

1. 桥梁创建

选择已经创建好的道路模型，道路模型会高显，然后根据里程桩号选择相应的桥梁长度，即可生成桥梁模型，如图 5-1 所示。

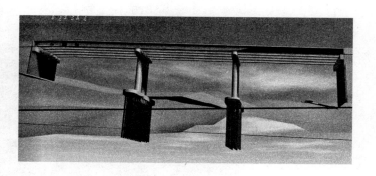

图 5-1　桥梁模型

2. 桥梁属性管理

桥梁名称：可以对同一道路的不同桥梁进行不同的名称切换。

类型：在"编辑"模式中更改桥梁结构。

还可以对桥台、桥墩、T 梁进行调整，如图 5-2 所示。

属性：桥梁设计符合哪些标准，InfraWorks 可以导入国内相关标准。

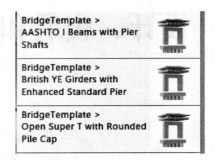

图 5-2　InfraWorks 桥梁三
种结构物

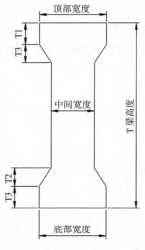

图 5-3　T 梁属性示意图

修改桥墩数量：对桥墩数量进行修改。

几何属性是控制桥梁各组成部分参数化控制。

下面进行分别介绍。

桥面几何属性：

修改混凝土强度、叠加恒荷载反射强度、道路磨损面厚度，以及桥面边缘与内部挡墙 / 路缘边缘的距离。

为桥面打开或关闭拱腋，并修改拱腋高度。如果桥梁的大梁组具有 8 个或更少的大梁，则支持拱腋。

大梁几何属性：

修改大梁截面尺寸，例如宽度、深度、腹板厚度和平移值，如图 5-3 所示。

桥梁桩基属性：桥梁下部结构这里统称为桥梁桩基，对桥梁桥台、墩帽、桩基、桥墩均进行详细说明。

同时，在操作时应注意将组件插入到组件道路部件，以便更改桥面宽度，在"编辑"模式中修改桥面厚度，不然可能无法修改桥面厚度，间隙同样需要在编辑模式进行修改。如果桥梁超高则需要通过桥梁横断面视图来进行查看。这里和道路横断面查看是一样的操作，如图 5-4 ～图 5-10 所示。

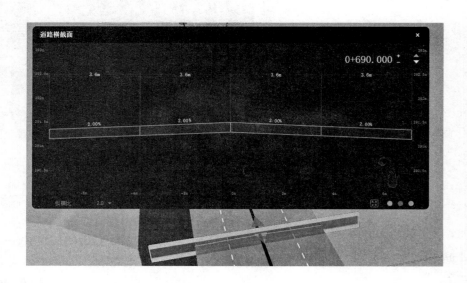

图 5-4　桥梁横断面

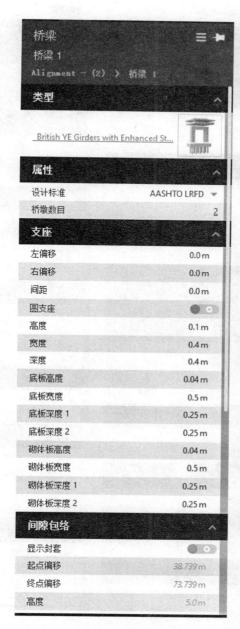

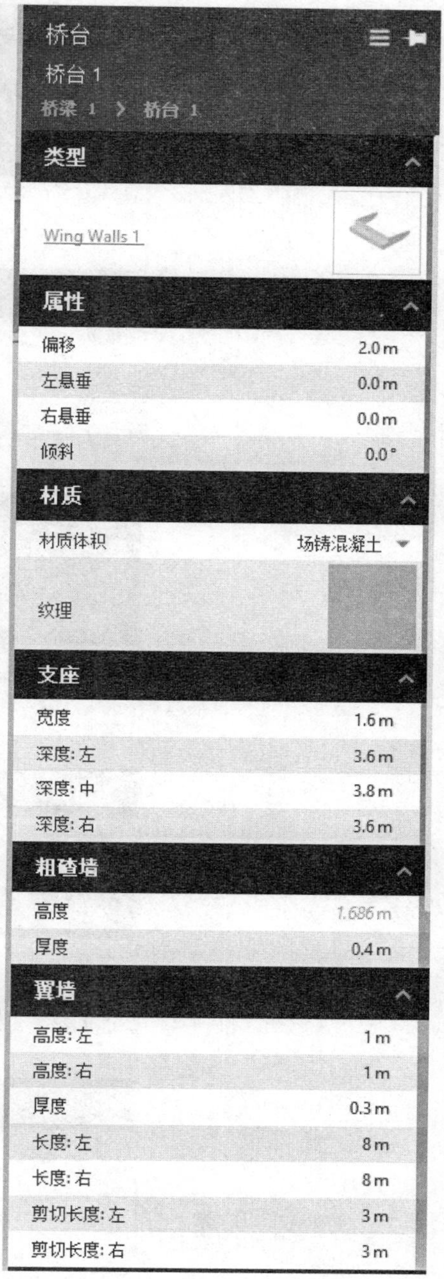

图 5-5　桥梁属性面板（左）
图 5-6　桥台属性管理（右）

3. 桥梁线性优化

桥梁结构优化理论是现代桥梁设计的目标，在 InfraWorks 桥梁分析模板有一项桥梁线性优化分析功能，该功能会分析该桥结构、受力等是否存在问题，对不合适的 T 梁或其他结构物会通过不同的颜色显示某个 T 梁不合格，需要重新进行结构设置或者设置材料特性来满足桥梁结构受力。

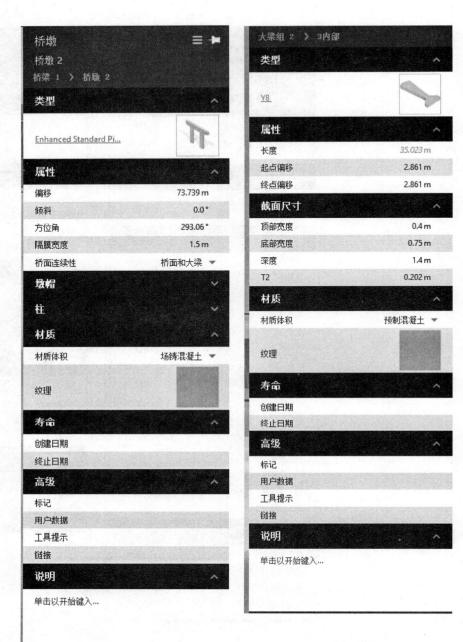

图 5-7 桥墩属性管理（左）
图 5-8 大梁属性管理（右）

同时，会生成非常详细的桥梁设计报告，该报告是针对桥梁不同阶段进行分析，该报告含有诸多分析且提供详细的说明，针对特殊分析还附有计算过程。可以给桥梁设计人员提供一个理论参考数据。

报告针对施工阶段的桥梁设计，也提供相关内容，主要是分析初始预应力、弹性松弛损失、时变损失的精细估计等数据，在需要深入研究桥梁

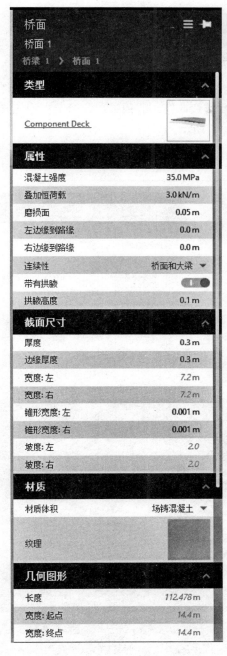

图 5-9 桥面板属性管理
（左）
图 5-10 桥墩基础属性
管理（右）

时，此报告数据能提供非常有用的数据，以保证该桥梁合理性。

进一步根据报告内容，可以降低桥梁结构专业性。针对上述简支桥梁完全可以出具桥梁线性优化报告，从施工方的角度，可以得出桥梁结构是否稳定与合适，保证工程结构物的准确性。

主要检验桥梁 T 梁强度是否满足结构设计要求。

图 5-11　线梁分析

操作步骤：

第一步：选择桥梁，然后点击线梁分析。

第二步：进行设置作业名称、作业编号、许用系数、考虑弯曲式钢筋、反向弯曲打印。当选择购买完整报告，如果点击了反转弯曲打印，则在接收报告时，该梁的详细大梁设计文档中的图形显示会受到该设置的影响。同时，在设置反转弯曲打印时只是更改弯曲力矩的方向，没有更改扭矩的方向，如图 5-11 所示。

第三步：点击开始分析，获得分析报告，如图 5-12 ～图 5-14 所示。

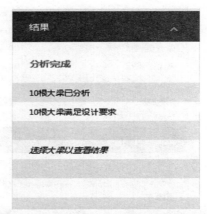

图 5-12　线性分析结果

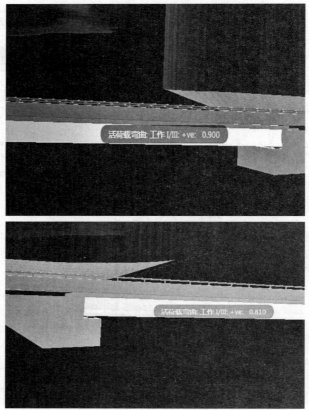

图 5-13　桥梁活荷载弯曲显示

图 5-14　桥梁活荷载弯曲显示

如果某个大梁超出设计参数要求，桥梁上的该大梁将以粉红色高亮显示。

如果某个大梁接近超出设计参数分析要求，桥梁上的该大梁以橙色高亮显示。

如果某个大梁满足设计参数要求，它将不会高亮显示。

（1）工程量验算

根据在 InfraWorks 已经创建好的桥梁模型，可以直接得出创建模型的工程数量表，工程量表是实时动态更新的。模型更改，数量表会马上更新。同时，还能对桥台土石方开挖量进行计算。因其不能对土的属性进行设置且混凝土结构中未设置钢筋，InfraWorks 出具工程量只能说明一个大概值，所以无法指导现场施工，如图 5-15 所示。

土方量	混凝土（m3）		钢（公吨）	
	预制	场铸	结构	钢筋
结构	368.829	1681.365	0.000	0.000
上部结构	368.829	510.551	0.000	0.000
地基	0.000	1170.814	0.000	0.000
选定	0.000	0.000	0.000	0.000

图 5-15　桥梁工程量

（2）动画模拟

根据已经创建好的模型可以进行漫游，体验项目建成效果图，在出具工程效果视频时，运用此功能非常方便简洁，渲染效果比 Civil 3D 和 Revit 要好，地形采用坐标高程点控制，地形曲面也十分精确，在地形上进一步创建 3D 树木、河流模型，可以使效果图非常贴近现实地形，在用动画漫游时，也能让操作者体会到身临其境的感觉，这里通过对铁匠岩 1、2 号桥梁进行了动画模拟，如图 5-16 所示，从视频效果来看线性较好。适合出具效果图。

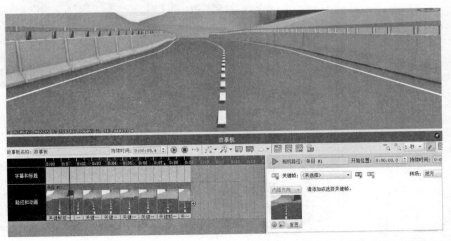

图 5-16　桥梁动画模拟

（3）Civil 3D 和 InfraWorks 建模与优化过程对比分析

通过建模实例，进行模型创建前后的建模难点和应用点优化分析，得出 InfraWorks 在创建桥梁模型的优缺点，在应用优化分析时的长处和短处也进行进一步说明，结合 Civil 3D 和 Revit 创建的桥梁模型的特点，作出如下对比分析，如表 5-1 所示。

建模方法	优点	缺点
Civil 3D 和 Revit 创建桥梁模型和优化	模型精确度高，Revit 出具工程量较准确，能对桥梁进行参数化管理且形成自己所属的族库。软件优化结果较可靠	建模时间长，针对线性和结构复杂的桥梁，需要更多时间。渲染效果图质量不高
InfraWorks 创建桥梁模型与优化	建模速度快，能在时间特别紧张的情况下出具合适的效果图。同时针对桥梁进行线性分析，可以给设计人员一个重要参考	模型精度不高，无法完成复杂桥梁建模工作。在进行参数化控制时，桥墩、盖梁、桩基相关参数较少。在某些桥梁 BIM 优化应用点上缺乏准确数据

建模方法优缺点分析　　　　　　　　　　　　　　　　　　表 5-1

5.2 隧道

1. 隧道创建方法

首先选择参数化隧道，然后在道路中选择隧道里程桩号，隧道样式应在隧道创建后，再调整其样式，如图 5-17 所示。

图 5-17　隧道创建

创建完成后可以对隧道执行简单的操作，比如土方量、特性、发送到 Revit、创建表格，如图 5-18 所示。

在表格里面可以查看隧道的相关基础信息，包括名称、指导方针、类型、描述、终止日期、工具提示、标签、用户数据、链接、属性、起点站、终点站、长度、名称、指导方针、类型、描述、终止日期、工具提示、标签、用户数据、链接、属性、内偏移、长度、切片计数，如图 5-19 所示。

	混凝土（m3）		钢（公吨）	
	预制	场铸	结构	钢筋
结构	0.000	2349.538	0.000	0.000
上部结构	0.000	0.000	0.000	0.000
地基	0.000	2349.538	0.000	0.000
选定	0.000	0.000	0.000	0.000

图 5-18　隧道土方量

Identifier	Description	Units	
name			Tunnel Segment 1
guid			44b1e477-a689-462e-bd47-cf1ae6c221c9
type			TunnelSegment
description			
creationDate			
terminationDate			
tooltip			
tag			
userData			
link			
Properties			
endOffset		m	52.24863032
length		m	56.78818671
sliceCount			2

图 5-19　隧道表格信息

　　表格中蓝色的字体说明可以编辑，黑色的字体不能编辑，蓝色的字体编辑后，在 InfraWorks 中可以进行更新，这样就达到文本控制要素模型的目的。这里可以直接发送到 Revit，后面将会详细讲解 InfraWorks 数据交互，如图 5-20 所示。

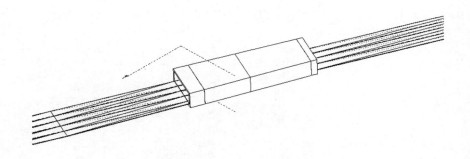

图 5-20　Revit 显示

2. 隧道属性面板

　　确定隧道里程桩号后，就需要对隧道进行属性设置，以达到模型与实际匹配度。首先设置隧道外形，这里有两种，一种是方形、一种是弧度型，但是锚杆、钢筋这些是不能创建的。选择隧道组件最适合实际情况的组件，如图 5-21 所示。

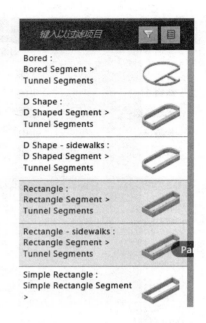

图 5-21 隧道组件

其次是材质体积、这里一般设置的是隧道二衬材质体积，关于材质体积，InfraWorks 提供其他、预制混凝土、现场浇筑混凝土、结构钢等四种类型。然后进行尺寸设置，这里包含有道路和人行道一系列设置，根据道路横断面图进行不同的设置。最后进行排水设计，排水管网经过隧道，就需要对其进行设计。

3. 隧道横断面添加

隧道横断面根据围岩结构的不同，横断面是不一样的，那么如何在已经创建的道路横断面中添加新的横断面呢？

首先选择隧道，隧道会高显，选择最开始的横断面，然后点击添加横断面，如图 5-22 所示，选择合适的桩号进行添加。

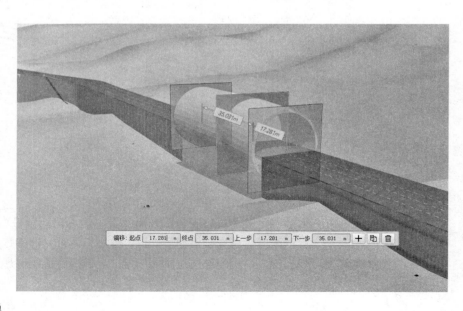

图 5-22 隧道横截面添加

横截面添加后，选择该横截面编辑该横截面数据，如图 5-23、图 5-24 所示，但是对于隧道类型、材质这个是整体无法对其中一个横截面进行编辑，如图 5-25 所示。

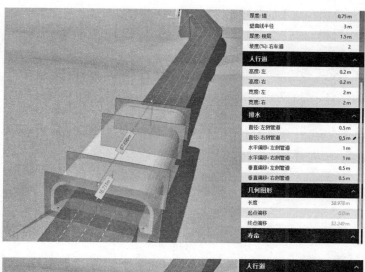

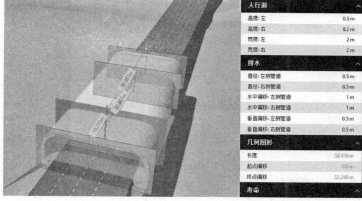

图 5-23　注意看人行道左为 0.2m（左上）
图 5-24　注意看人行道左已经为 0.5m（左下）
图 5-25　隧道属性面板（右）

5.3 桥梁线性优化

1. 桥梁线性完整报告目录

桥梁线性完整报告包含：

大梁设计概要；

大梁设计计算横向活荷载分布系数的计算；

分析荷载包络图；

分析模型数据。

同时 InfraWorks 360 会在模型中创建一个新方案，以便可以比较设计。

下面详细介绍桥梁线性分析报告。

第一项：该设计分析桥梁和执行基本信息：

设计：先张法预应力混凝土梁；

分析：线梁—横向分布法的简化分析；

设计规范：桥梁设计规范；

桥：桥 4；

梁线：1；

大梁：大梁组 2 > 左侧外部。

第二项：目录：

大梁设计总结；

大梁设计计算；

横向活载分布系数计算；

分析荷载包络线；

分析模型数据。

2. 大梁设计总结

大梁设计总结整体数据，可以直接看出相关性能比率，如图 5-26、图 5-27 所示。

Span	Girder	Performance	Analysis Type	Limit State	Loadcase
S2	L2	0.81	Live Load Bending	Service I/III	Max +ve
		0.72	Live Load Bending	Strength I	Max +ve
		0.66	Prestress Transfer	Service I/III	-
		0.64	Live Load Bending	Strength I	Max -ve
		0.63	Construction Stage	Service I/III	-
		0.56	Erection Stage	Service I/III	-
		0.48	Live Load Bending	Service I/III	Max -ve
		0.37	Shear	Strength I	-
		-	Section Properties	-	-	-

图 5-26 降低性能比率

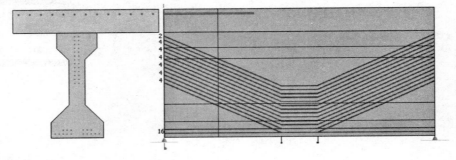

图 5-27 分析 T 梁图

梁设计计算：活载弯曲，如图 5-28 所示。

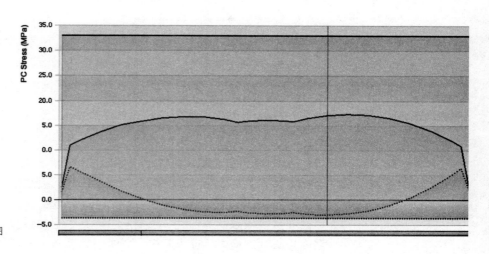

图 5-28　活载弯曲示意图

　　图 5-28 中不考虑在距离每个梁端 0.2m 范围内，进一步桥梁分析报
告会针对活荷载弯曲进行相关计算，使结果可靠。

　　下面主要是针对时间相关损失的精确估计计算进行讲解。

数据设置：

预应力钢弹性模量：E_p=197.0kN/mm²；

总有效面积：A_{PS}=4142.1mm²；

混凝土在转移时的弹性模量：E_{ci}=33.255kN/mm²；

相对湿度百分比：H=70.0%；

蠕变湿度系数：k_{hc}=1.56-0.008=1.0；

收缩湿度系数：k_{hs}=2.00-0.014=1.02；

养护结束时的龄期：t_c=3.0 天；

转移年龄：t_i=4.0 天；

现浇龄期：t_d=60.0 天；

最终年龄：t_f=120.0 天。

公司混凝土强度第一次加载时：f'_{ci}=40.0MPa（=5.802KSI）

影响混凝土强度的因素：K_f=35.0/（7+f'_{ci}）=2.7341

最终蠕变时间系数：

$$k_{tdc,f,i} = \frac{t_f - t_i}{12 \times \left[\dfrac{100 - 4f'_{ci}}{f'_{ci} + 20}\right] + t_f - t_i}$$

$$= \frac{120.0 - 4.0}{12 \times \left[\dfrac{100 - 4 \times 5.8}{5.8 + 20}\right] + 120.0 - 4.0}$$

$$= 0.7645$$

时间因素，最终收缩率：

$$k_{tds,f,i} = \cfrac{t_f - t_c}{12 \times \left[\cfrac{100-4f'_{ci}}{f'_{ci}+20}\right] + t_f - t_c}$$

$$= \cfrac{120.0-3.0}{12 \times \left[\cfrac{100-4 \times 5.8}{5.8+20}\right] + 120.0-3.0}$$

$$= 0.7661$$

3. 大梁设计计算相关图与施工阶段分析

图 5-29 中不考虑在距离每个梁端 0.2m 范围内，计算时首先定义性能比 =7299/10180=0.717，然后对截面详图、设计规范、分析、负弯矩截面强度极限状态应力 / 应变汇总、文中阻力系数（ϕ）、正弯矩截面强度极限状态应力 / 应变汇总、文中阻力系数（ϕ）、施加荷载汇总、梁设计计算：预应力转移、梁设计计算、活载弯曲、梁设计计算：施工阶段、梁设计计算：架设阶段、梁设计计算：活载弯曲、梁设计计算：剪力，如图 5-30 ~图 5-33 所示。

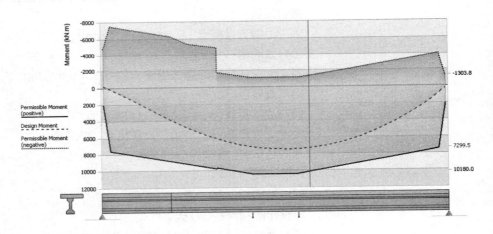

图 5-29　活载弯曲

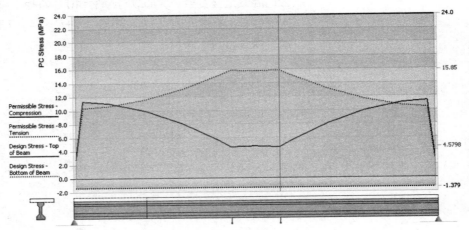

图 5-30　预应力传递阶段

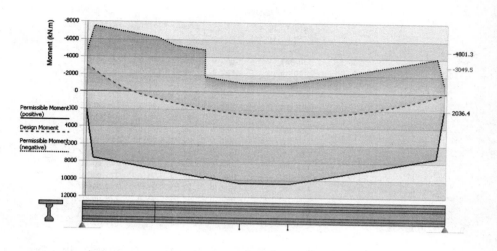

图 5-31　活载弯曲阶段

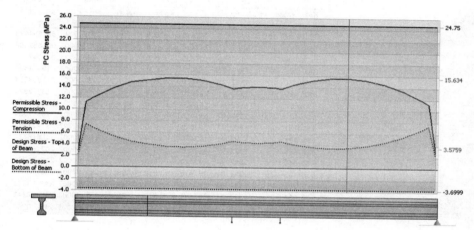

图 5-32　施工阶段

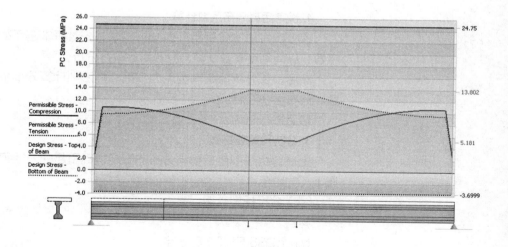

图 5-33　安装阶段

对施工阶段进行详细分析，如图 5-34、图 5-35 所示。

数据从受力到传输的时间设置为零，表明此处不需要计算初始松弛。

height mm	No of tendons	f_{pu} MPa	area mm²	% of f_{pu}	initial force kN
50.8	10	1860.0	98.71	75.0	1377.0045
330.481	2	1860.0	98.71	75.0	275.00002
101.6	6	1860.0	98.71	75.0	826.2027
381.281	2	1860.0	98.71	75.0	275.00002
432.081	2	1860.0	98.71	75.0	275.00002
482.881	2	1860.0	98.71	75.0	275.00002
533.681	2	1860.0	98.71	75.0	275.00002
584.481	2	1860.0	98.71	75.0	275.00002
635.281	2	1860.0	98.71	75.0	275.00002
686.081	2	1860.0	98.71	75.0	275.00002
736.881	2	1860.0	98.71	75.0	275.00002
787.681	2	1860.0	98.71	75.0	275.00002
838.481	2	1860.0	98.71	75.0	275.00002
889.281	2	1860.0	98.71	75.0	275.00002
940.081	2	1860.0	98.71	75.0	275.00002
TOTAL	42				5778.2075

图 5-34 初始预应力

height mm	No of tendons	f_{pj}	f_{py} MPa	relax. loss	area mm²	After relaxation force kN	moment kN.m
50.8	10	1395.0	1674.0	0.0	98.71	1377.0045	69.951829
330.481	2	1392.97	1674.0	0.0	98.71	275.00002	90.882398
101.6	6	1395.0	1674.0	0.0	98.71	826.2027	83.942194
381.281	2	1392.97	1674.0	0.0	98.71	275.00002	104.8524
432.081	2	1392.97	1674.0	0.0	98.71	275.00002	118.8224
482.881	2	1392.97	1674.0	0.0	98.71	275.00002	132.7924
533.681	2	1392.97	1674.0	0.0	98.71	275.00002	146.7624
584.481	2	1392.97	1674.0	0.0	98.71	275.00002	160.7324
635.281	2	1392.97	1674.0	0.0	98.71	275.00002	174.7024
686.081	2	1392.97	1674.0	0.0	98.71	275.00002	188.6724
736.881	2	1392.97	1674.0	0.0	98.71	275.00002	202.64241
787.681	2	1392.97	1674.0	0.0	98.71	275.00002	216.61241
838.481	2	1392.97	1674.0	0.0	98.71	275.00002	230.58241
889.281	2	1392.97	1674.0	0.0	98.71	275.00002	244.55241
940.081	2	1392.97	1674.0	0.0	98.71	275.00002	258.52241
TOTAL	42					5778.2075	2425.0253

图 5-35 初始松弛

4. 横向活载分布系数计算

该分析方法主要采用近似分析方法，先对每车道活载分布、力矩分布系数、纵向刚度参数、剪力分布系数进行分析。

然后，在分析外梁刚构反力、用杠杆法则计算分配系数、疲劳分布系数、分布因子汇总。

最后进行总结。

5. 分析荷载包络线

上述包络线不包括横向分布的影响恒载引起的力矩和剪力如图 5-36、图 5-37 所示。

（1）分析模型数据

材料；

MP1:C35 ES 31.8 标准；

类型：混凝土抛物线矩形；

抗压强度 f'_c: 35.0MPa；

强度 LS 应力 / 应变曲线参数：

抛物线起点坡度：36.64956kN/mm²；

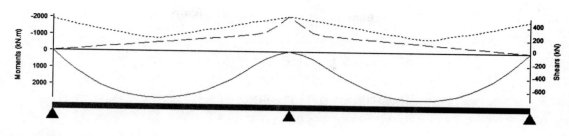

图 5-36　强度和服务的活荷载包络线

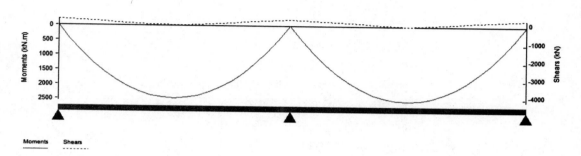

Moments　　Shears
━━━━━　　- - - - -

图 5-37　恒载引起的力矩和剪力

抛物线端应变: 0.0016259;

抛物线端部应力: 29.749939MPa;

最大应变: 0.003;

弹性模量 $-EC$: 31.821002kN/mm^2;

弹性模量 - 长期: 15.910501kN/mm^2;

剪切模量: 13.258751kN/mm^2;

泊松比: 0.2;

压应力极限系数: $0.6000000 \times f'_c$;

断裂模量 -3.728247MPa;

热膨胀系数: 0.0000108/℃;

密度: 23.563114kN/m^3;

密度修正系数, λ: 1.0;

MP2: C55 ES 36.9 标准;

类型: 混凝土抛物线矩形;

抗压强度 f'_c: 55.0MPa;

强度 LS: 应力 / 应变曲线参数;

抛物线起点坡度: 45.942656kN/mm^2;

抛物线端应变: 0.0020382;

抛物线端部应力: 46.749906MPa;

最大应变: 0.003;

弹性模量 $-EC$: 36.939508kN/mm^2;

弹性模量 - 长期: 18.469754kN/mm^2;

剪切模量: 15.391461kN/mm²;

泊松比: 0.2;

压应力极限系数: 0.6000000 × f'_c;

断裂模数: −4.673605MPa;

热膨胀系数: 0.0000108/℃;

密度: 23.563114kN/m²;

密度修正系数, $λ$: 1.0;

MP3: C40 ES 33.3;

类型: 混凝土抛物线矩形;

抗压强度 f'_c: 40.0MPa;

强度 LS 应力 / 应变曲线参数:

抛物线起点坡度: 39.180028kN/mm²;

抛物线端应变: 0.0017382;

抛物线端部应力: 33.999934MPa;

最大应变: 0.003;

弹性模量 −EC: 33.25456kN/mm²;

弹性模量 – 长期: 16.62728kN/mm²;

剪切模量: 13.856067kN/mm²;

泊松比: 0.2;

压应力极限系数: 0.6000000 × f'_c;

断裂模数: −3.985663MPa;

热膨胀系数: 0.0000108/℃;

密度: 23.563114kN/m²;

密度修正系数, $λ$: 1.0;

类型: 预应力钢

抗拉强度 f_{pu}: 1860.0MPa;

强度 LS 应力 / 应变曲线参数:

全收率: −0.014442-1860.0;

起始产量: −0.007553-1488.0;

弹性模量 E_P: 197.0kN/m²;

剪切模量: 75.769232kN/m²;

松弛类型: 低松弛;

从受力到转移的时间: 0.0 天;

（2）设计梁 –SB2: 先张法预应力

第一项:

预制梁为标准截面: 四号梁如图 5-38 所示;

预制混凝土的特性集 – 传输时: MP3: C40 ES 33.3;

最终结构: MP2: C55 ES 36.9。

现浇混凝土 – 第 1A 阶段:

C.I.P. 来自标准截面: 矩形—宽: 184119m, 矩形—深度: 0.3m;

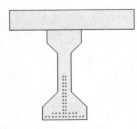

图 5-38　四号梁

属性集：mp1：c35 es 31.8。

第二项：

预制梁为标准截面：四号梁。

预制混凝土的特性集设置：

传输时：MP3：C40 ES 33.3；

最终结构：MP2：C55 ES 36.9；

现浇混凝土 −1B 阶段：

C.I.P. 来自标准截面：矩形；

宽：184119m；

深度：0.3m；

属性集：mp1：c35 es 31.8。

（3）温度梯度二次负荷 – 正温度梯度（见图 5-39 ~ 图 5-48）

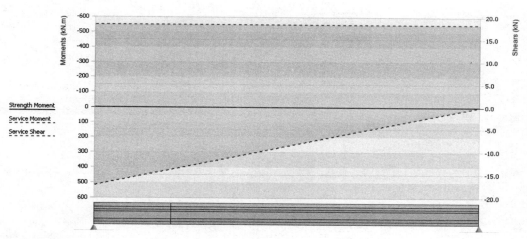

图 5-39　正温度梯度

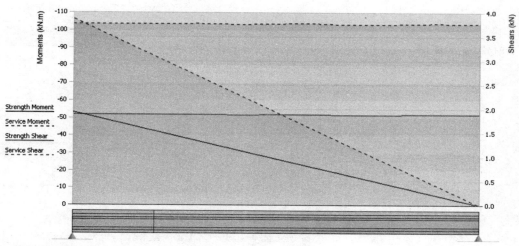

图 5-40　收缩徐变二次荷载效应

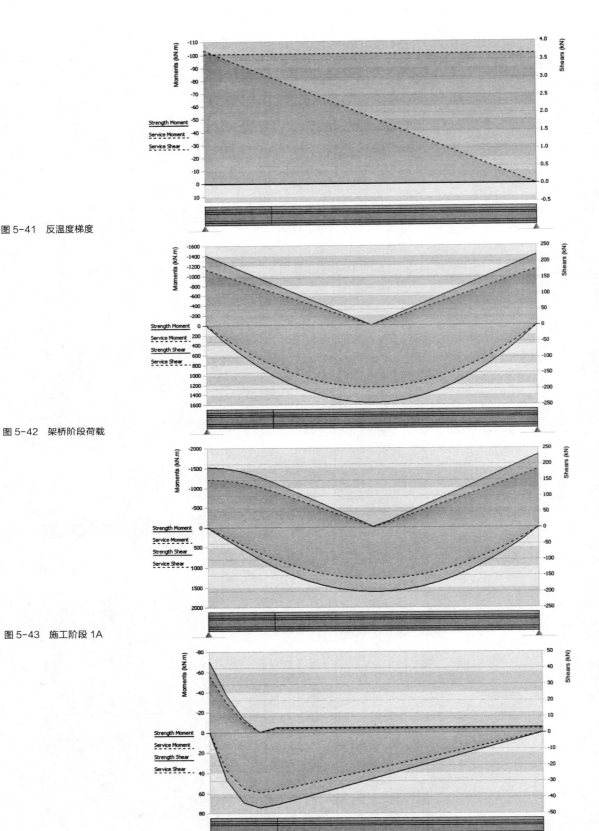

图 5-41 反温度梯度

图 5-42 架桥阶段荷载

图 5-43 施工阶段 1A

图 5-44 施工阶段 1B

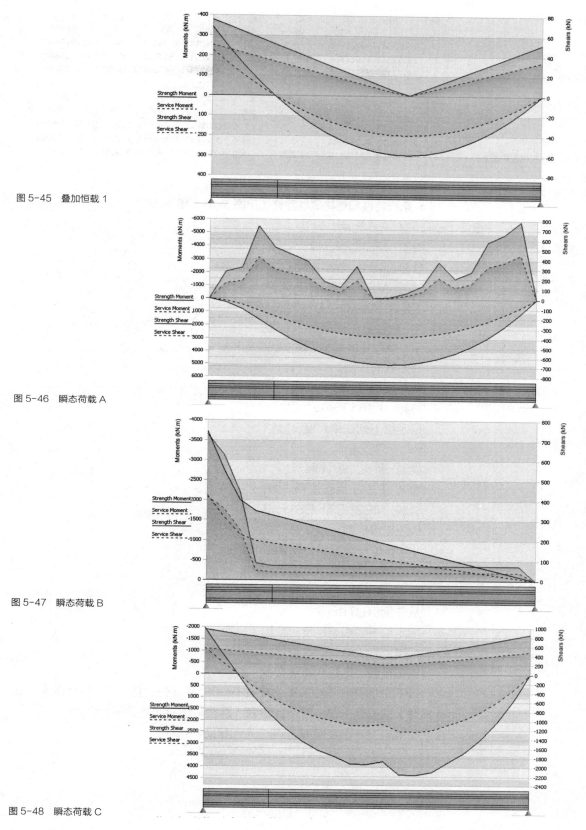

图 5-45　叠加恒载 1

图 5-46　瞬态荷载 A

图 5-47　瞬态荷载 B

图 5-48　瞬态荷载 C

Ref	Dim m	A_x mm²	A_y mm²	A_z mm²	I_y mm⁴	I_z mm⁴	C mm⁴	Y kN/m³
1	0.693541	984851.9	0.0	0.0	3.084E11	1.48E11	2.204E10	25.929896
2	18.72563	1.0144E6	0.0	0.0	3.17E11	1.564E11	2.204E10	25.516862
3	24.27396	544136.6	0.0	0.0	1.401E11	2.046E10	2.204E10	47.568177

图 5-49　结构属性数据（一）

Ref	Dim m	A_x mm²	A_y mm²	A_z mm²	I_y mm⁴	I_z mm⁴	C mm⁴	Y kN/m³
1	0.706459	544136.6	0.0	0.0	1.401E11	2.046E10	2.204E10	47.005569
2	4.945219	1.0144E6	0.0	0.0	3.17E11	1.564E11	2.204E10	25.215064
3	10.5969	984851.9	0.0	0.0	3.084E11	1.48E11	2.204E10	25.619052

图 5-50　结构属性数据（二）

6. 结构特性和结构属性数据（见图 5-49、图 5-50）

SP1: PS 光束;

类型: 预应力设计梁;

参考: SB1: 先张法预应力;

材料: MP2: C55 ES 36.9;

板坯密度系数: 1.0;

注: 轴线是指线梁局部轴线;

γ = 单位长度重量 / 转换截面面积。

开裂截面详图:

从左起: 0.0 m;

右起: 4.16125m;

指定给下列线梁跨度: 1;

SP2: PS 光束;

类型: 预应力设计梁;

参考: SB2: 后张法预应力;

材料: MP2: C55 ES 36.9;

板坯密度系数: 1.0;

γ = 单位长度重量 / 转换截面面积。

开裂截面详图:

左起: 4.23876m;

从右侧: 0.0 m;

指定给下列线梁跨度: 2 个;

报错: 无;

结构荷载、活载包络线数据;

以下车辆可包含在除车道荷载 0.009MPa 外，还包括: 设计卡车、设计串联、双设计卡车、双设计串联、这些车辆的动载余量为 33%。

车辆以 0.5 m 的增量向两个方向移动。

第6章 设计、查看和建造排水系统

6.1 分析模型

1. 地形主题、创建流域、曲面图层

地形主题和创建流域在前面已经做过表述，这里就不再做过多的描述。

2. 高显排水（图6-1）

针对已经创建好的管网、接头可以生成高显显示，可以识别一个管网也可以识别多个管网，在面对地形构筑物较多、新旧地形网络复杂就可以使用此命令。

图6-1 高显排水

3. 调整排水管网尺寸

在使用自动创建排水管网后，涉及尺寸调整就可以选择本命令，可以调整管网尺寸、接头如图6-2所示。

选择需要修改的管网、接头即可。

最小覆土厚度：管网与地面之间的垂直高度，在进行创建时最小值是多少。

管顶落差：管网出水口和进水口高程差，如果只有一段管网则为两口高程差。

材质：当前管网采用何种材质，InfraWorks 提供的材质有混凝土、波纹HDPE、波纹金属、球墨铸铁、HDPE、PVC。

按住出水口管道内底：如果开启，在考虑最小覆土厚度时，将会优先考虑按住出水口管道内底。

年超越概率：当前降雨率被当年超过的概率。

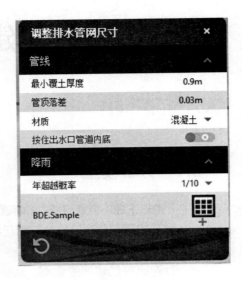

图 6-2　管网尺寸

IDF 是暴雨强度—历时—重现期关系曲线图，在水文应用中功能很强大，只要知道暴雨强度、历时、重现期就可以绘制出该 IDF 曲线。InfraWorks 是自动生成该曲线。不用操作者进行计算，如图 6-3 所示。

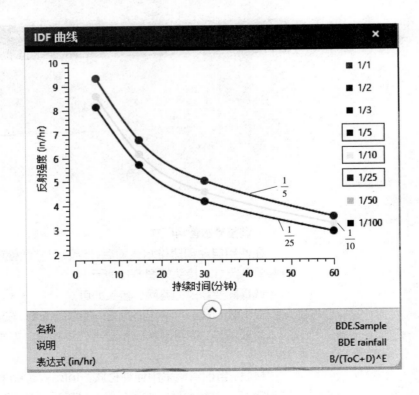

图 6-3　IDF 曲线

在 InfraWorks 中降雨量是一个很重要的数据，进行管网设计就需要考虑降雨量，没有降雨量就无法很好的推断该管网设计是否合理。在 Civil 3D 中，对已经创建好的管网，同样需要导入当地降雨量进行分析，以得出是否满足管网要求。如果需要查询当地降雨量，可以去国家气象信息中心（http：//data.cma.cn/data/weatherBk.html）进行查询。

4. 检查性能

对于已经创建好的管网，可以执行检查性能命令，以检查管网功能能否满足要求，主要是检查其水力坡降线和能量坡降线的数据。识别过载管道和浸水检查井。调整 AEP 设置以模拟不同雨水级别条件下的模型性能。在调整管网网道后，一定要进行检查性能，如图 6-4 所示。

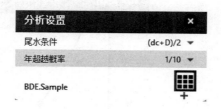

图 6-4　检查性能分析设置

5. 降雨量

操作者可以自行指定降雨量，以获得精确性的排水设计。InfraWorks提供三种类型的降雨量，FHWA BDE 表达式、ANZ 6 阶多项式、表格样例，可以修改这些格式，导入降雨数据时可采用的格式如下：

澳大利亚降雨和径流 6 阶多项式数据（.CSV）；

NOAA PFCD（.CSV）；

Hydraflow（.IDF）或（.STM）；

降雨数据可以通过参数化管理。

降雨量管理器可以在样式选项里面打开，当然同时打开的还有模型管理器，可将其移动到其自己的窗口中显示面板。

可以使用降雨量选项操作来添加、删除、导入或导出雨量数据文件，如图 6-5 所示，在这里需要注意的是，我们在进行任何原文件修改的时候，一定要保存好 InfraWorks 自带的模板。然后在 IDF 降雨量面板中将其打

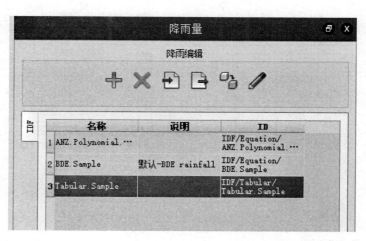

图 6-5　降雨量选项板

开。也可以双击在 IDF 降雨量窗口中打开样例。这个面板为每个 AEP 条件描绘 IDF 降雨量曲线。可以重新命名、是否使用默认值、说明该降雨量的情况，表达式这一块可以自行添加或者采用默认值。此面板还以表格形式显示这些数据，如图 6-6 ~ 图 6-8 所示。

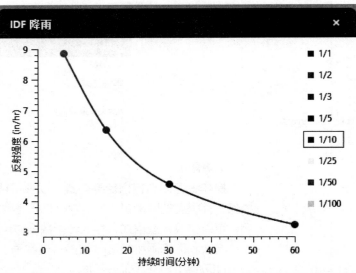

图 6-6　IDF 降雨表格样例

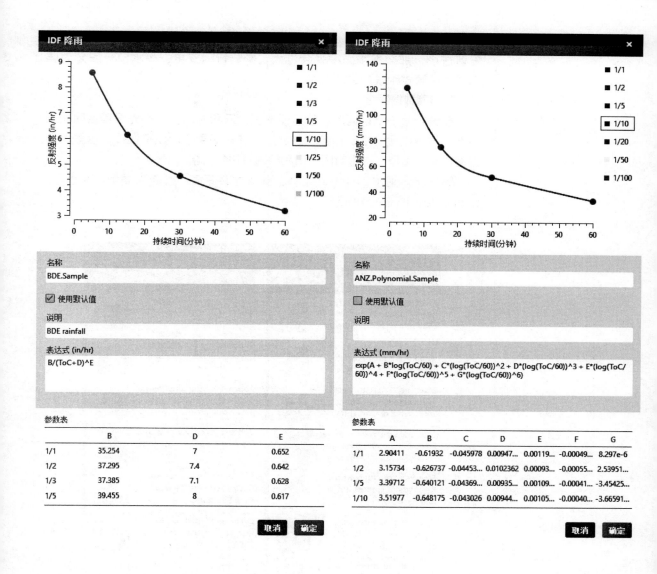

图 6-7 IDF 降 雨 BDE
样例（左）
图 6-8 IDF 降 雨 ANZ.
Polynomial 样例（右）

6.2 设计排水

1. 创建管网排水

对路面已经创建好的地形，就可以进行管网创建，管网创建首先要先
选择创建的结构，比如雨水口和管线、检查井和管线、出水口和管线；仅
雨水口、检查井、出水口。出水口是管网出水的地方，这里需要进行流域
分析或者涵洞分析确定。进水口是管网进水口的位置也是需要进行流域分
析和地理位置综合考虑。检查井主要是为了方便城市维修人员检查地下管
道、线路、通信等一系列而设置的，主要是方便检查人员维修，检查井一
般设置在路线交汇、转弯存在接头、管线存在变化的地方。有的时候线路
较长，就会隔固定的距离进行设置，这个在现实生活中比较常见。一般桥
梁中心位置或者两侧均设置检查井，而且有的检查井是全线设置。雨水口

主要是城市进水口，其数量设置、进水口大小设置很重要，如果雨水口设置过小，那么积水面积就会过大，影响行程安全。雨水口一般分为偏沟式、平篦式和联合式。

2. 管网数据设置

在进行第一步设置后，就需要设置管网和井口了，首先设置管网网络名称，然后设置雨水口和检查井类型，注意如果之前没有选择，这里不会出现它们的类型。这里对雨水口和检查井进行分析。

第一步，雨水口类型、大小、默认井底深度。检查井类型、大小等，如图6-9～图6-11所示。

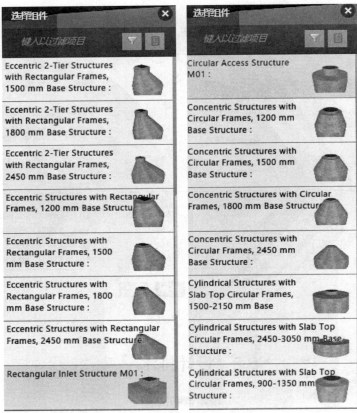

图6-9　雨水口类型（左）
图6-10　检查井类型（右）

图6-11　雨水口

第二步，创建管网接口设置。

确定了进水口和出水口类型，就可以设置进水口和出水口，然后针对这种类型进行设置。如果道路已经创建好直接点击右键，生成管网，InfraWorks 可以自动创建，如图 6-12 所示。

图6-12　根据道路生成排水

首先设置性能，设计流量、截取流量、效率。设计流量就是在排水工程中，给出的给水设计秒流量和排水设计秒流量，在一天时间内水流量是不固定的，受多种事件影响，所以这里设计流量是按照最不利的情况给出的。

效率是进水口或者出水口的有效功率，即水通过水泵获得的功率。

$$P_T = \frac{QYH}{60 \times 102}$$

式中　P_T——水泵的有效功率，kW；

　　　Q——水泵流量，m³/min；

　　　H——水泵总扬程，mH₂O；

　　　Y——水的密度，kg/m³。

其次设置纵向坡度和横向坡度，纵向坡度为沿着道路路线的坡度，而横向坡度就是沿着道路横向的坡度。

再次设置长度、宽度、壁厚、基准高度，基准高度指的是最低面离道路的高度。一般情况操作者在前面选择类型的时候已经选择过，这里就不能够再选择。雨水口长度和宽度是一样的，因为之前选择类型的时候已经确定大小，所以这里都是灰显。

最后进行汇水设置，包括汇水面积、集流时间、降雨强度、径流系数。汇水面积就是雨水在山岭地区的受雨面积。在山谷地区修改隧道、桥梁、涵洞等参数的时候，我们需要评估当地降雨量的大小、受雨面积大小，才能考虑涵洞的大小、桥梁孔洞的大小，特别是水坝更加要考虑到整体的降雨量，防止积水高度超过设计标高。

第三步，管线设置，对管道类型、大小、最小覆土厚度，管顶落差、最小坡度、材质进行设置。

第四步，进行管网创建即可，因为这里只能在平面视图里面进行创建，所以存在误差，如图6-13所示。

图6-13 创建管网选项板

3. Parts Editor

使用"基础结构零件编辑器"自定义排水结构或管道零件族和零件部件，然后将它们上传到与 Autodesk InfraWorks 和 Autodesk Civil 3D 兼容的目录中。基础结构零件编辑器是一个参数化形状编辑工具，用于创建与 Autodesk InfraWorks 和 Autodesk Civil 3D 兼容的零件目录。在 Civil 3D 中零件目录比 InfraWorks 种类丰富很多，为了方便彼此数据交互，采用同类的零件目录，安装零件编辑器后，可以通过单击 Autodesk InfraWorks 或 Autodesk Civil 3D 中的"零件编辑器"图标打开"零件编辑器"。

6.3 查看和修改排水设计

里面的选项前面均已讲解过，这里进行步骤说明。在管网设计好后，进行性能分析，满足要求后就要开始最后的渲染设置。

这是一个大致的流程，在采用 BIM 技术的同时，应该根据各种软件特点进行应用。项目中的适用性不是所有 BIM 应用点都可以在每个项目应用，也不是所有的软件都适用这种分析。后面在实际实例当中将会对协同性进行详细说明。

6.4　创建并且进行基础设施演示

Autodesk InfraWorks 提供多种工具来创建简单或复杂的演示。可以通过将 Autodesk InfraWorks 模型上载到 BIM 360 项目，与协作者分享操作者的演示。对于简单的展示可能采用相机、照片即可完成，但是对于大项目，追求景观的项目则用视频进行效果展示更真实，效果更好。

1. 前期设置

在进行视频制作的时候，前期工作已完成大半，后期将会是水印、快照、太阳、天空一些简单的设置，而后才开始创建故事版播放器。

先来介绍水印，水印就是在视图上导入一种文字、数字、符号，有的时候为了表示特性或者著作权就可以加上水印，如图 6-14 所示，在进行视图不断切换的时候，操作者是可以修改水印，以达到水印满足视频效果的要求。水印的位置可以通过锚点、坐标系任意调整。还可以调整比例，以适应视图大小。

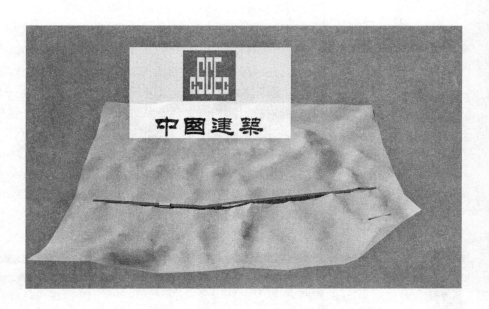

图 6-14　水印添加

在这里需要注意关注点，在对视图进行效果图制作的时候，需要对结构物名字进行显示，就需要设置关注点，当漫游镜头移到这座桥梁的时候就会显示桥梁的名字，当镜头移到这座隧道的时候就会显示隧道的名字，还有一些本来就有的建筑物，都可以设置关注点，如图 6-15 所示，这样就相当于一边漫游一边解释各种结构物名称。

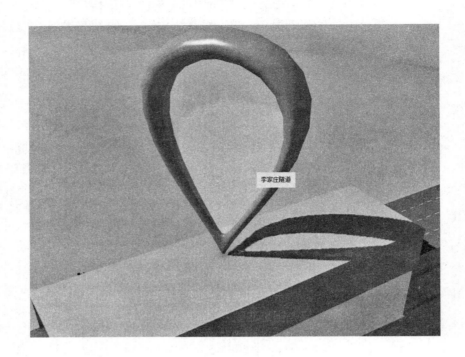

图 6-15　关注点设置

2. 创建故事面板

（1）故事版介绍

　　创建故事版也可以创建照片，故事版功能非常强大，可以设置自定义路线或者组件道路路线漫游，如图 6-16 所示。还有字幕、标题都可以设置。可以说是一些基本的视频剪辑软件功能故事版均具有，操作者将整体模型完全创建好了，就可以进行动画制作。市面上一般的软件动画制作和建模软件都是分开的，InfraWorks 属于自带的。这样就不用数据交互，也不存在数据交流困难。比如草图大师和 Lumion 交互、还有 Revit 和 Lumion 交互，在进行数据导入的时候，有时存在数据不兼容的情况，需要多次调整，才能很好的出动画或者效果图。在 InfraWorks 中就不存在了，只要掌握故事面板就可以直接导出视频，相关设置简单易操作，就可以将渲染视频导出用于展示。

图 6-16　故事版面板

（2）相机路径

这里主要着重介绍相机路径。这是需要重点理解的地方，总共有八种动画类型：升降调整、环视、动态观察、平移和缩放、录制的漫游、静止运动、追踪、缩放。

升降调整：相机向上移动远离原始位置，或向下移动靠近原始位置，视口就是向下或者向上移动，这个视口可以是垂直的，也可以是带有角度的。通过升降属性，可以调整上、下距离，前、后距离，左右侧距离，动画类型会进行一定程度的预览，方便操作者调整，如图 6-17 所示。

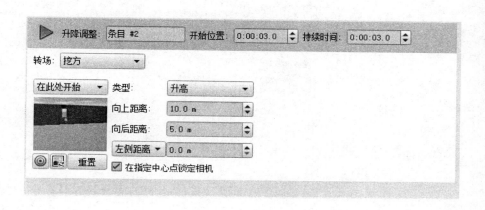

图 6-17　升降属性

环视：按照指定的旋转角度进行环视，也是分为四个角度上下左右进行不同的环视，这个环视是基于当前视图界面，如果感觉环视高度过高，可以将视图调整后，再添加环视，如图 6-18 所示。

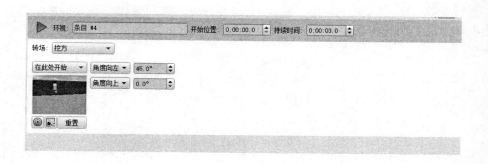

图 6-18　环视属性

动态观察动画：这个其实和环视动画有很多相同的地方，如果操作者添加环视和动态观察动画，就会形成一个环视来回。所以这里建议两者配合使用，如图 6-19 所示。

平移和缩放动画：平移可以是前后，也可以是上下，可以简单理解为镜头拉近、移动配合一定的缩放，如图 6-20 所示。

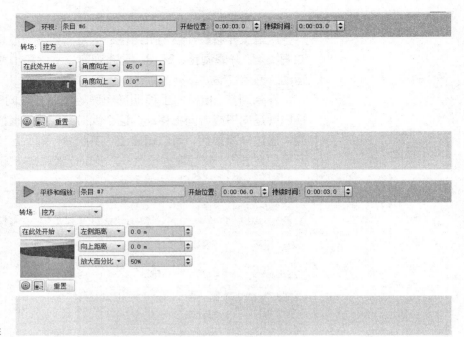

图 6-19 动态观察动画属性

图 6-20 平移和缩放动画属性

录制的漫游：可以将其他方面录制的漫游进行添加，这里的漫游都是通过操作来实现，无法从外部导入相关视频进行漫游，即操作者可以操作镜头来实现漫游视频录制，然后导入到该整体视频中，如图 6-21 所示。

静止漫游：在某些重大结构物处，如果想静止移动，以突出当前镜头的结构物重要性，可以在此处设置静止漫游，如图 6-22 所示。

图 6-21 添加录制的漫游属性

图 6-22 静止漫游属性

追踪漫游：追踪漫游就是针对一个位置进行跟踪，可以设置距离、方向，这个功能和环视有点重合，但是此处是可以设置追踪距离的，如图6-23所示。

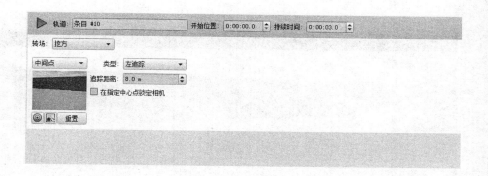

图6-23　追踪漫游属性

缩放动画：可以添加镜头在移动的时候画面缩放大小，如图6-24所示。

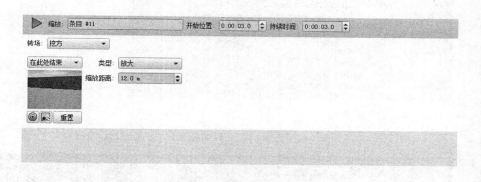

图6-24　缩放动画属性

（3）顺序、字幕、标题

播放顺序、字幕、标题均可以在播放界面通过鼠标直接调整，这里需要解释标题和字幕，标题是对于整段的视频的标题，而字幕是每一次播放的字幕，两者是不一样的。

（4）天气和时间

可以在故事版中任意指定时间、天气，也可以配合镜头，比如当镜头慢慢提起来的时候，太阳慢慢升起来，如图6-25所示。

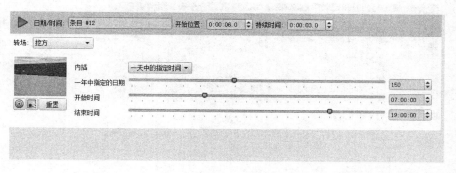

图6-25　日期、时间属性设置

这里有点需要说明的是，全局命令是针对整个界面天空的，如图 6-26、图 6-27 所示。

此处的设置是针对整个视图，当然也可以配合相机视图。

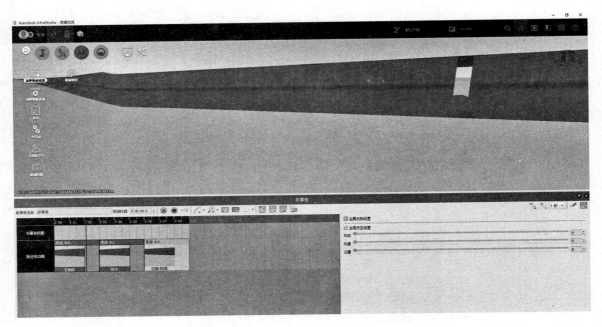

图 6-26　未开全局太阳模式

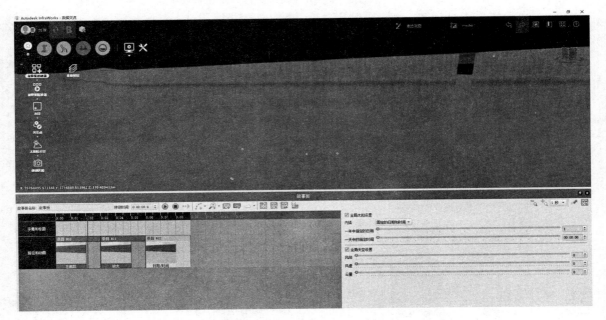

图 6-27　开启全局太阳模式

（5）导入相机路径

相机路径可以直接导入，导入 SHP、SDF 或 SQLite 点文件，在导入时可能还要指定一些信息，相机的镜头路径可以通过外部路径导入，常用的格式有 SHP、SDF 或 SQLite 点文件，在导入后还需要指定如下信息。

关键帧设置：指定点的位置和顺序。

相机高度：相机的实际高度。

相机方向：指定相机倾斜和旋转的角度值。

时间控件：指定以下选项之一：

设置速度——相机移动速度。

设置持续时间——动画持续时间。

在导入的每一个数据源中的每一个点均作为关键帧插入相机路径中。

（6）视频导出

这里有几种格式的视频导出，视频一般是 AVI 格式，Windows® Media Video Microsoft 开发的视频压缩格式：DV 格式，AVI 格式，如图 6-28 所示。

图 6-28　故事版选项

第7章 设置和使用工具

　　该功能主要是对数据交互、模型管理、一些基本设置应用。前面详细说明在该功能里面的应用程序选项，这个是需要进行提前设置，特别是在数据交互的时候，提前设置好尺寸是非常有必要的。这里面有些功能前面已经讲过，此处主要介绍未讲解的功能。

　　1. 复制

　　该操作主要是对当前模型进行复制，在主界面点击管理模型也可以对模型进行复制。如果在主界面进行复制就直接创建模型，如图 7-1 所示，如果在设置和实用工具里面需要设置相关的位置，如图 7-2 所示。

图 7-1　模型复制 - 主视图操作

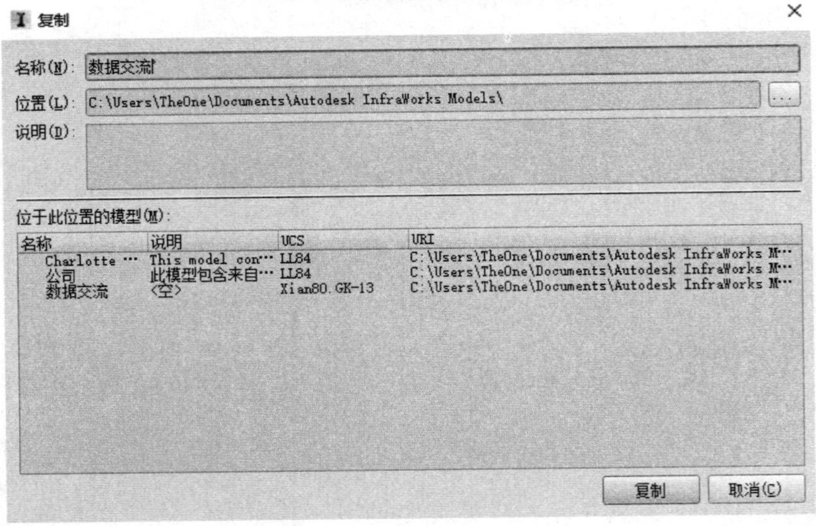

图 7-2　设置和实用工具 -
复制

2. 导出三维模型

已经创建好的模型，可以执行导出三维模型，如图 7-3 所示，设置导出的范围、导出坐标、导出数据。这里需要注意的就是坐标，导出去的坐标需要对方软件识别并且进行展示。

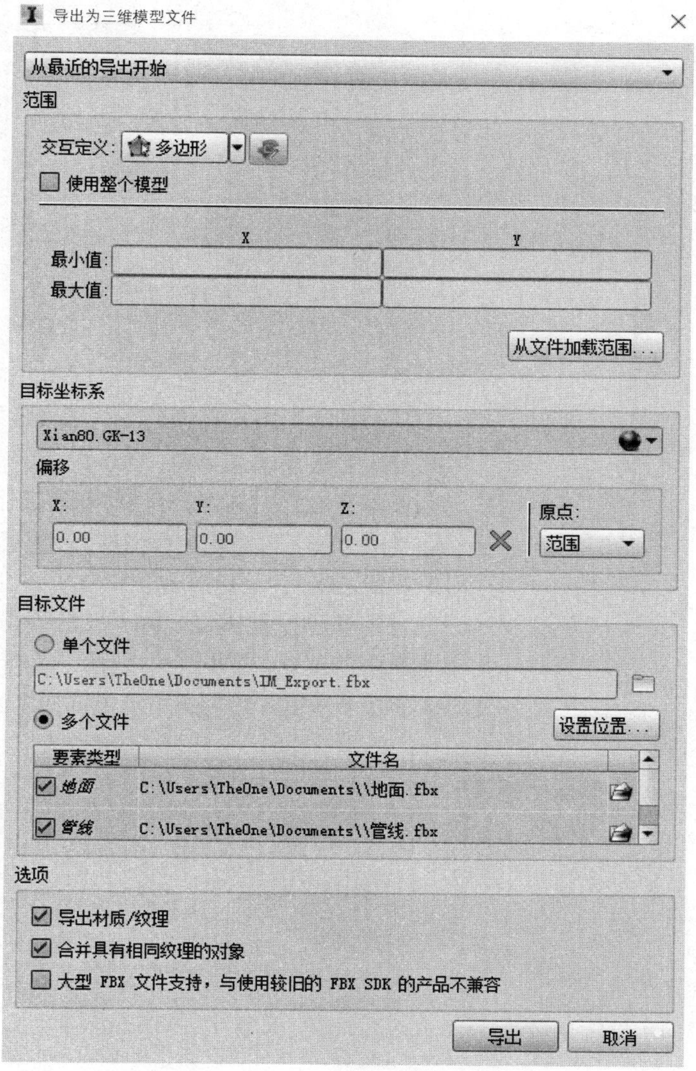

图 7-3　导出三维模型

3. 导出 IMX

IMX 是调查信息交换（装置）（Inquiry Message Exchange），最常见的被格式化为 iMindMap Map File, iMindMap。在 Civil 3D 和 InfraWorks 中这是两者交互的主要格式。同样，在导出本格式的时候也需要设置对应的坐标系。数据交互坐标系非常重要，建议与 Civil 3D 数据交互的时候直接导出 IMX 格式，如图 7-4 所示。

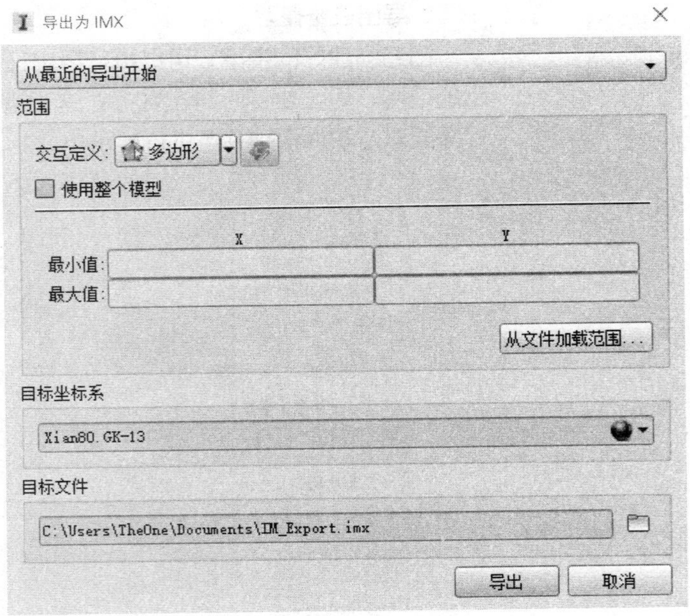

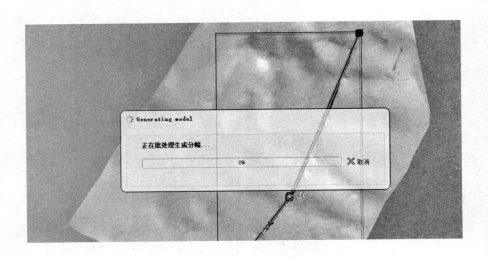

图 7-4　导出 IMX

4. 继续生成

在模型生成的过程中，有其他操作，比如在操作重生模型时部分模型还没有生成，就可以点击继续生成，让模型生成。

5. 重新生成

在进行多种模型操作，界面反应慢，造成一系列运行速度慢的时候，可以重新生成模型，如图 7-5 所示。重新生成后，视图会自动居中，这个功能类似更新模型，使用户得到更好的体验。

图 7-5　重新生成界面

6. 模型清理

对于临时模型，比如在绘制树木或者其他模型时，有些参考类的模型就可以选择此模型清理对模型进行清理。

7. 数据表

打开数据表可以显示当前选择的数据，如图 7-6、图 7-7 所示。

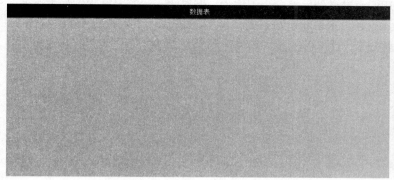

图 7-6 数据表（左）
图 7-7 Screencast 界面
（右）

这里注意如果安装 InfraWorks 后打不开 Screencast，就需要去欧特克官网下载。

第二步，点击开始录屏，一旦选择了视图，视图变大或者变小都会跟着改变，这个和我们一些市面上的录屏操作主流操作软件不一样。

第三步，点击结束，自动保存进行预览，如图 7-8 所示。

这里可以保存、上传、取消，根据实际需要进行选择。

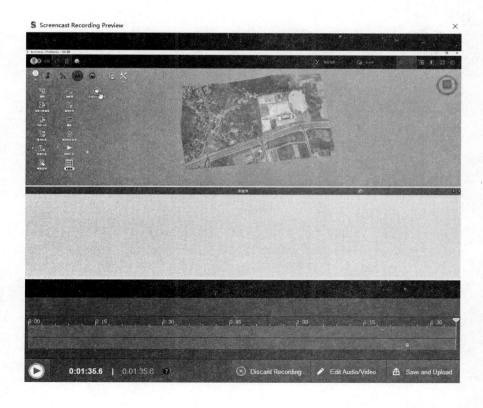

图 7-8 预览

此部分功能和动画软件的功能区别在于，该功能是录屏，然后对视频进行剪辑与上传，而动画软件是可以调整不通话的视口，Screencast 是无法调整视口，只能是界面视图。而且上传到网上也无法像视图一样做到标注一个知识点推送到另外一个工程师，但是比一般的录屏软件强大很多，因为 Screencast 本来就是对一些精益工艺流程进行录屏，然后进行优化视频，最后分享，比一般的录屏软件作用会大大加强。

第8章 样式表达器

8.1 创建样式表达器

样式表达器是一个难点和重点，涉及数据复杂、运算的规则多，需要很长时间学习，才能完全掌握，就比如在 Civil 3D 标签样式中设置表达式一样，一定要选择适合该运行软件适用的表达式。传统的表达式在程序里面没有可以识别或者与模型数据不匹配，无法形成所见即所得的效果，所以需要对传统的公式进行更进一步深化，使其深化到运行系统里面可以被识别，而且和模型数据相关联。

InfraWorks 中的表达式主要的功能是从模型要素里面检索所需要的要素条件，如图 8-1 所示，比如需要查找道路横断面为 16m 的区间，那么需要设置一个表达式说明在那条道路横断面里面查找宽度为 16m 的道路横断面。然后选择要进行操作的要素，接着如果查找到该横断面，需要进行显示，或者需要对 16m 的横断面执行上述操作，这样也可以在横断面中进行设置。最后就是指定或者设置何种样式添加到选择的要素模型标签，当然这里可以直接设置一些标签。比如 InfraWorks 中没有针对汽车外部多种颜色贴图，那就可以设置表达式说明白色、黑色、其他颜色各占比多少。

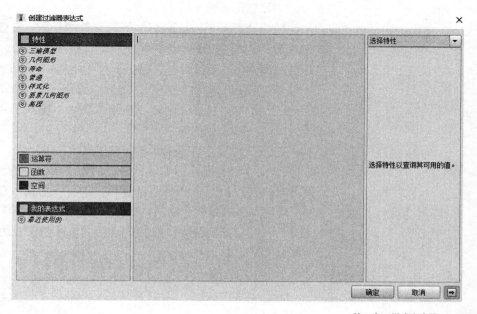

图 8-1　表达式面板

8.2 表达式函数、逻辑介绍

打开表达式模板会发现其有四大类型，特性、运算符、函数、空间。现在我们逐一来介绍。

1. 特性

InfraWorks 把数据类型分为三维模型、几何模型、寿命、普通、样式化、要素几何图和高层七大类。这里是根据不同属性进行分类的，比如高程偏移（ELEVATION_OFFSET）对所有高层偏移的点执行操作，这里也可以与高程偏移相关的模型进行操作。

2. 运算符

运算符是 InfraWorks 进行数据运算规则的符号，这里主要是包括数学、比较、逻辑、其他运算符。只有掌握运算符才能对不同的特性数据开展运算。可以说是表达式里面的数据。

（1）数学运算符，如表 8-1 所示：

数学运算符　　　　　　　　　　　　　　　　　　　　　　　　　　表 8–1

序号	运算符	定义	语法
1	+	加	两数字相加
2	−	减	两数字相减
3	×	乘	两数字相乘
4	÷	除	两数字相除

（2）比较运算符

比较运算符可从"比较符"下拉菜单中获取。在修改特性值的时候，比较运算符的每个实例均为特性在前，值在后。例如，如果创建一个表达式以查找道路树木高度大于 2 但小于 3 的所有树木，则表达式应为：

区域 _ 道路 _ 树木 > 2AND 区域 _ 道路 _ 树木 < 3

在该示例中，特性"区域 _ 道路 _ 树木"插入了两次。单个"区域 _ 道路 _ 树木"实例则无效。

同时，在比较运算符中数字特性按算术方法计算，日期特性按年代顺序计算。文本特性按字母顺序计算。例如，建筑 _ 面积 < 10000 将查找面积小于 10000ft^2（925m^2）的建筑。购买 _ 日期 > 01/01/2011 将查找 2011 年后购买的建筑。街道 _ 地址 < "WED" 将按字母顺序查找街道地址位于 WED 之前的建筑。在为地理空间要素创建表达式时，可以使用以下比较运算符，如表 8-2 所示。

比较运算符语法   表 8-2

序号	运算符	定义	语法
1	=	等于	数字相等
2	>	大于	第一个值大于第二个值
3	<	小于	第一个值小于第二个值
4	< =	小于或等于	第一个值小于或等于第二个值
5	> =	大于或等于	第一个值大于或等于第二个值
6	<>	不等于	第一个值小等于第二个值

（3）逻辑运算符（见表 8-3）

逻辑运算符   表 8-3

序号	运算符	定义
1	IS NULL	如果值为空则返回空
2	IS NOT NULL	如果值不为空则返回该值
3	AND	中文和的意思，需要满足两个条件
4	OR	中文或的意思，满足其中一个条件即可
5	NOT	否定该表达式
6	（ ）	运用括号优先级

（4）日期和时间运算

这种日期时间运算符由标准的结构化查询语言（Structured Query Language）文本字符串进行解析，如表 8-4 所示：

DATE 'YYYY-MM-DD'

TIME 'HH: MM: SS[.sss]'

TIMESTAMP 'YYYY-MM-DD HH: MM: SS[.sss]'

日期时间运算符   表 8-4

序号	函数	定义
1	DATE	将格式转换为日期格式
2	TIME	将格式转换为时间值
3	TIMESTAMP	将格式转换为日期和时间格式

如果需要使用其他格式就需要对 TODATE 或 TOSTRING 进行转化。转化是在函数下拉菜单里面的转化。转化包括 NullValue（[text property], [text property]）、ToDate（[text property]）、ToDouble（[text property]）、ToFloat（[text property]）、ToInt32（[text property]）、ToInt64（[text property]）、ToString（[property]），这些函数几乎包括所

有数据提供的程序，但是在进行光栅、WFS 和 WMS 提供程序时需要采用其他程序，如表 8-5 所示。

<table>
<tr><td colspan="3" style="text-align:center">转换函数</td><td style="text-align:right">表 8-5</td></tr>
<tr><td>序号</td><td>选项</td><td colspan="2">定义</td></tr>
<tr><td>1</td><td>TODATE</td><td colspan="2">将值转换为日期</td></tr>
<tr><td>2</td><td>TODOUBLE</td><td colspan="2">将值为双精度浮点数</td></tr>
<tr><td>3</td><td>TOFLOAT</td><td colspan="2">将值转换为单精度浮点数</td></tr>
<tr><td>4</td><td>TOINT32</td><td colspan="2">将值转换为 int32</td></tr>
<tr><td>5</td><td>TOINT64</td><td colspan="2">将值转换为 int64</td></tr>
<tr><td>6</td><td>TOSTRING</td><td colspan="2">将值转换为字符串</td></tr>
</table>

对于转换函数 TODATE，InfraWorks 提供多种格式选项，这里一一列出。

YY: 年份代表是一个两位数，例如 06。

YYYY: 年份代表的一个四位数，例如 2006。

MONTH: 表示月份用大写字母表示，例如 MARCH。

month: 表示月份用小写字母表示，例如 march。

Month: 表示月份首字母大写，后面其他的字母还是采用小写，例如 March。

MON: 表示使用缩写，而且是前 3 个字母缩写，后面的字母不出现，例如 MAR。

mon: 表示使用缩写，而且是前 3 个字母缩写，后面的字母不出现，例如 mar。

MM: 表示月份使用缩写，而且是前 2 个字母缩写，例如 03。

DAY: 表示将星期日用大写字母表示，例如 FRIDAY。

day: 表示将星期日用大写字母表示，例如 friday。

Day: 表示将日期首字母大写，例如 Friday。

DY: 表示将日期使用前 3 个字母大写缩写，例如 FRI。

dy: 表示将日期使用前 3 个字母小写缩写，例如 fri。

DD: 表示将日期使用两个数字的缩写，例如 06。

hh24: 表示采用 24 小时制。

hh12: 表示采用 12 小时制。

hh: 默认为 24 小时。

mm: 表示分钟。

ss: 表示秒。

ms: 表示毫秒。

am/pm: 表示上午或下午。

3.函数

（1）数学函数

对数学相关定义函数进行定义，比如角度、函数等数学表达式进行定义，如表 8-6 所示。

数学函数

表 8-6

序号	函数	定义
1	ABS	将数据定义为绝对值
2	ACOS	反余弦，介于 –1 到 1 之间
3	ASIN	反正弦，介于 –1 到 1 之间
4	ATAN	反正切
5	ATAN2	一个坐标点反正切
6	COS	一个角度的余弦
7	EXP	一个值的指定幂次方
8	LN	正数的自然对数
9	LOG	指定底数的一个数字的对数
10	MOD	两个数相除的余数
11	POWER	一个数自乘其的次数，最后所得的结果
12	REMAINDER	一个数除以另一个数的余数
13	SIN	一个角度的正弦
14	SQRT	正数的平方根
15	TAN	一个角度的正切

（2）数值函数

在为地理空间要素创建表达式时，可以使用以下数值函数，如表 8-7 所示。

数值函数

表 8-7

序号	函数	定义
1	CEIL	数字向上舍入
2	FLOOR	数字向下舍入
3	ROUND	指定数字的小数位置
4	SIGN	查找数字的符号
5	TRUNC	将日期特性指定为某一种格式

（3）文本函数（CONCAT）

日期函数（CURRENTDATE）

日期函数同样适用于几乎所有数据提供程序，但光栅、WFS 和 WMS 提供程序除外，具体表达式为 CURRENTDATE（）。

（4）几何函数

几何函数主要是计算直线长度、多边形周长、多边形面积。其中 LENGTH2D 计算直线长度、多边形周长，AREA2D 计算多边形的面积。

（5）转化函数

之前已经介绍了转化函数 TODATE、TODOUBLE，现在介绍其他的转化函数。

TOFLOAT：将数值字符串或文本字符串转换为单精度浮点数，表达式为 TOFLOAT（Text_property）。

TOINT32：将数值表达式或字符串表达式转换为 int32。表达式为 TOINT32（Text_property）。

TOINT64：将数值表达式或字符串表达式转换为 int64。表达式和 TOINT32 一样。

TOSTRING：将数字表达式和日期表达式转化为字符串，表达式为 TOSTRING（Date_property，format）或 TOSTRING（Numeric_property）。

4. Mod 和 Remainder

MOD（m，n）= SIGN（m）*（ABS（m）−（ABS（n）* FLOOR（ABS（m）/ ABS（n）)))）

REMAINDER（m，n）= m −（n*ROUND（m/n）

现在来看看两者的区别，对于 MOD，如果 m=11、n=4，则 MOD=3，而 REMAINDER=−1。

5. 相交

相交命令类似前面讲的圆、多边形、矩形，点击相应的命令后可以在模型上面绘制相应的区域。然后在面板上将会显示该区域的点位。该区域的点位均是进行选择的点位。

8.3　计算

在计算过程中，如果语法错误将会进行提示，在进行输入的同时，如果不确定这个单词的含义，可以直接输入首写字母，然后 InfraWorks 会提示相应运算符和函数，并且会进行相关解释，如图 8-2 所示。这样就大大方便操作者操作表达式。在进行数据输入的时候，如果输入正确则会显示黄色如图 8-4 所示，如果输入错误就会显示浅红色，如图 8-3 所示。

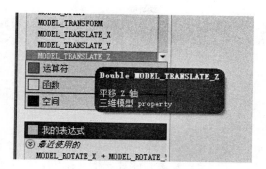

图 8-2　中文解释

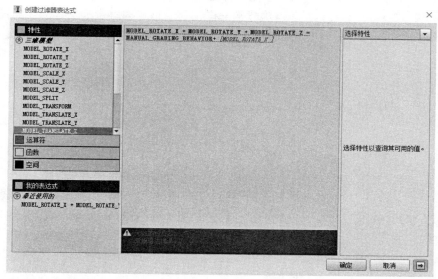

图 8-3　表达式错误

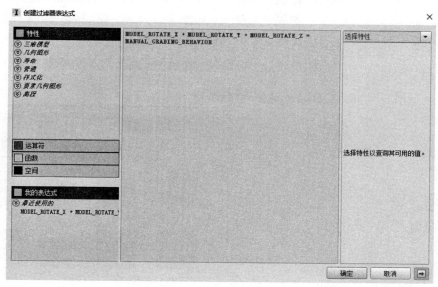

图 8-4　表达式正确

第9章　定义道路、桥梁、隧道样式

道路的样式是很丰富的，有城市、乡村、高速公路等公路类型，根据道路功能不一样，则道路结构层是不一样的。而在 InfraWorks 中通过样式选项板可以定义不同的道路类型来达到与实际工程一致的效果。之前已经笼统介绍过通过样式选项板来进行编辑，本章将主要学习道路、桥梁、隧道样式编辑。

9.1　道路样式编辑

InfraWorks 已经为操作者提供部分道路样式，在进行创建的时候我们需要先进行复制再开始创建，原有的道路样式需要保留不要随便修改。先复制目录，目录需要修改名称新建目录，然后点击样式编辑，正式开始进行编辑。

属性设置：这里的设置分为两部分，一部分是常规设置、一部分是轨道设置。这里先进行常规设置，选择道路类型是道路，还是隧道、桥梁。然后就是材质，如图 9-1 所示，材质类型构造了整个结构层的材质。如果

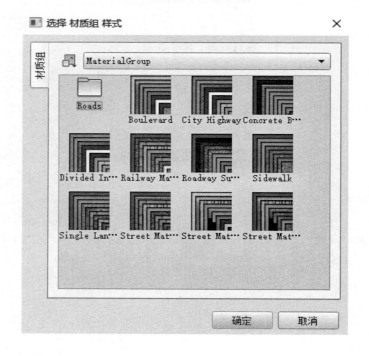

图 9-1　材质面板

结果层材质不达标，则不能实现材质显示。所以在选择材质的时候，一定要选择相适应的材质，不能出现道路材质选择桥梁材质，桥梁材质选择隧道材质的情况。道路交叉口、外部、车道标记材质均是根据材质组选择的材质进行自动改变，因此提前选好材质是十分有必要的。

最佳拟合的功能就是对路线的选择与模型生成，按照最佳拟合进行生成，这里一般是已经选择好的。操作者一般是后面再设置装饰，即当道路宽度这些都创建好了，才开始放置道路装饰模型。

有的操作者在设置自定义纵断面时，不采用 InfraWorks 自带的道路模型，而是采用导入或者自行设置的进行设置。这种方法并不建议使用，因为导入需要事先创建，而且导入进去是何种数据形式也需要进行深入研究，如图 9-2 所示。

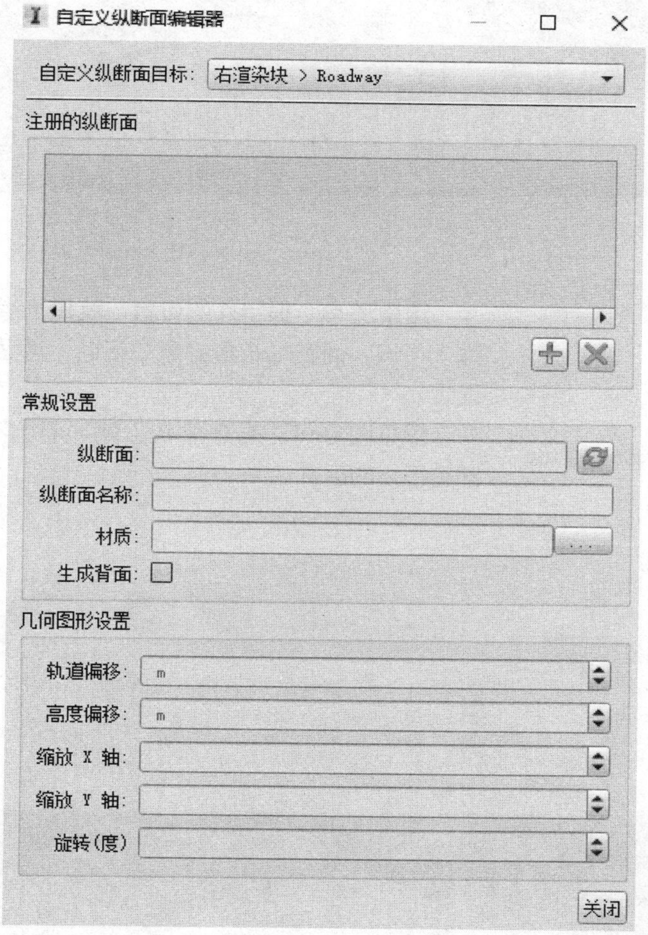

图 9-2 自定义纵断面

上述设置好了以后，就要开始进行轨道设置。轨道名称是指道路是左幅、右幅、还是道路中心结构层；主要类别是对左幅和右幅的类型进行划分，比如左幅含有路面、人行道、车行道等道路类型。轨迹宽度就是整个道路路面结构层宽度，比如车行道宽度，在轨道主要类型上面也会出现该轨道的总体宽度。然后就是轨迹内部高度偏移，这个可以理解为第一个结构物第一次偏移的高度。轨迹外部高度偏移为第一个结构物在第一次偏移向上高度的累加。轨迹顶部曲面类型就是针对第一次偏移的材质，两者高层差外部材质，而轨迹内部曲面类别就是两者高程差显示内部曲面材质。

在设置之前还需要考虑是设置何种车道，双车道还是四车道或六车道，如图 9-3 所示。这个直接在向前车道或者向后车道进行设置。

图 9-3　六车道设置

这里还有个很特殊的设置，就是当道路左右幅不一致的时候，左幅布置人行道，而右幅布置的是车行道，当面对这个情况的时候就可以采用此设置。

图 9-4　左右幅只设置车道数不一样

根据图 9-4、图 9-5 可以明显看出不管是轨道设置还是预览这一块，都有很大的区别。

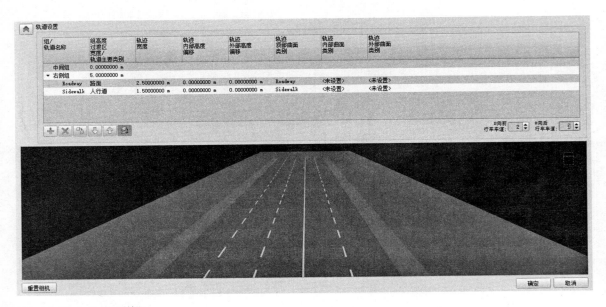

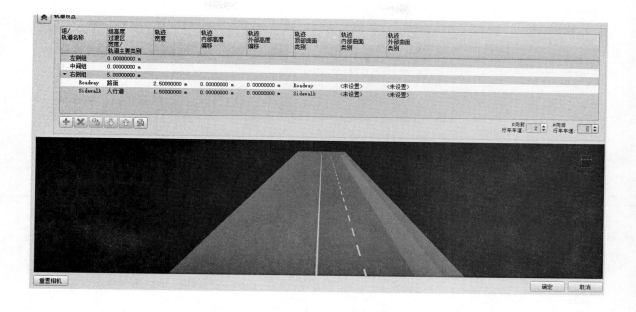

图 9-5 采用另外设置

轨道设置实际操作：

右侧设置路面、人行道、自行车道，宽度分别为路面 3.5m，人行道 1.5m、自行车道 1.5m。人行道和自行车道高出路面 0.5m，这个设置内部高度偏移，而且人行车道高度设置为 0.5m，则自行车道高度应设置为 0，如果自行车道高度设置为 0.5m，则人行车道高度设置即为 1m，不是 0.5m 了。外部高度这里不需要设置，这里设置的基准高程参照的就是人行道的高度。轨迹顶部曲面是向上的材质，内部曲面和外部曲面均是内部、外部材质、车道设置预览，如图 9-6 所示。

图 9-6 车道设置预览

进行装饰设置，布置树木、灯饰等相关参照物主要是通过装饰编辑器进行设置，如图 9-7 所示，比如间距、间距偏移、轨道偏移、高度偏移、坐标旋转进行装饰物的三维空间设置，间距是按照道路距离进行布置，隔多少米进行设置。间距偏移是在间距的基础上进行偏移计算，轨道偏移是在轨道进行横向偏移，高度偏移是对装饰物进行高度的偏移。倾斜这个按键很重要，当道路选择一点的坡度的时候，如果没有倾斜，那么车辆和道路将会相交，而点倾斜后就会与道路平行。很显然相交是不合常理的，只有与道路平行是合常理的。

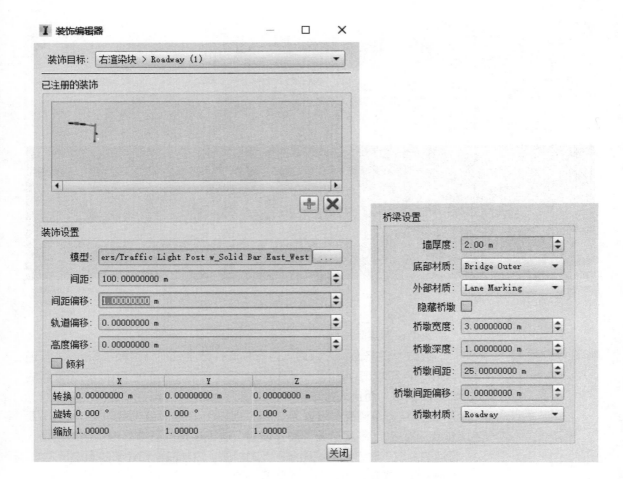

图 9-7 装饰编辑器（左）
图 9-8 桥梁设置（右）

9.2 桥梁设置

　　桥梁设置和道路设置关系很大，桥梁的路面就是道路的路面，只是多了一个下部结构。针对桥梁下部结构设置，有单独的数据输入，墙厚度就是整个路面结构层的厚度，底部材质就是桥梁底部材质，外部材质就是桥梁两侧的材质。可以显示桥墩也可以不显示，桥墩宽度就是桥梁桥墩的宽度，深度即是桥墩的深度，间距按照设计规范进行桥墩设置。偏移可以是按照平均间距或是按照单独的进行设置，桥墩材质就是整个桥墩的材质，如图 9-9 所示。

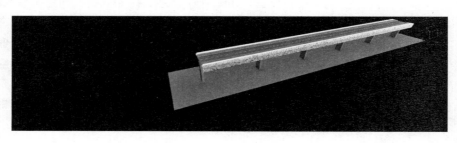

图 9-9 桥梁预览

9.3 隧道设置

隧道设置和桥梁设置一样，道路样式是之前就已经设置好，只是多一个隧道设置分析选项板，圆形是按照圆形隧道进行设计，高度是按照路面到最高处位置的高程，此处为了更好地设置墙，可以不显示，方便进行道路隧道路面设置。墙厚度就是道路上部所有结构层的厚度，然后就是设置底部、顶部、内部、外部材质，如图9-10、图9-11所示。

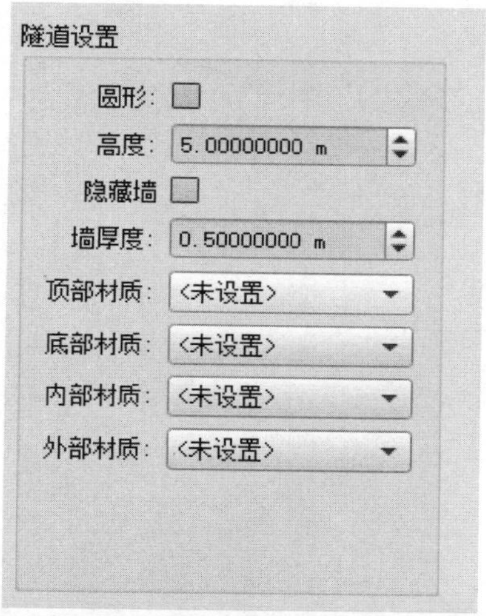

图9-10 隧道设置

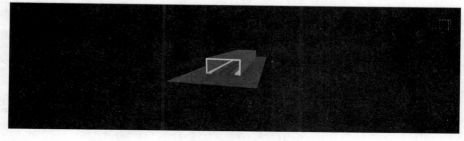

图9-11 隧道预览

9.4 模型应用

已经创建好的样式就可以导入到模型样式里面进行道路创建，点击确定就会在样式选项板中进行显示，如图9-12所示，然后进行命名。

然后在创建、管理和分析模型里面点击绘制道路，在绘制样式里面直接选择该道路样式，如图9-13、图9-14所示。

该创建的道路是规划道路，不是组件道路，如果需要进行详细设计则需要调整为组件道路，然后还可以将横断面添加到库里面，如图9-15所示。添加到库就可以在道路设计功能里面直接选择该道路横断面进行组件

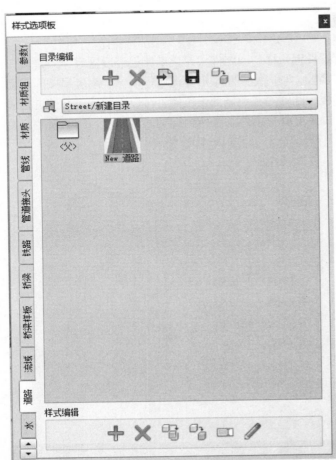

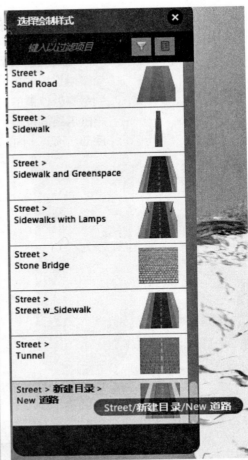

图 9-12　样式选项板（左）
图 9-13　选择创建的道路
样式（右）

图 9-14　道路样式创建预览

道路绘制，而不是绘制规划道路后，重新进行设置，如图 9-16 所示，方便操作者直接更换道路和对道路进行设计，十分节约操作者的时间，而且绘制的时候，相关设计要素数据很多，以便操作者进行设计要素的考虑，使其绘制的道路更合理，更好。

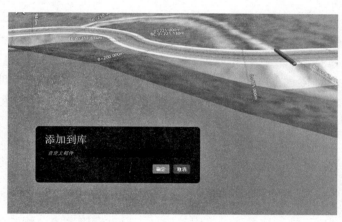

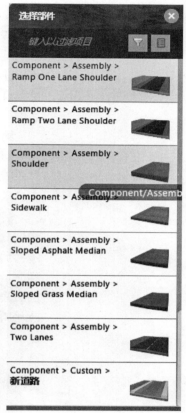

图 9-15　道路横断面（左）
图 9-16　部件已添加（右）

第 10 章　数据交互与工程应用实践

　　本章介绍三种典型的数据交互，一种是推荐使用的 Civil 3D，一种是与 Navisworks Manage 进行交互，最后一种是草图大师。

　　在第一种交互中是为了解决在创建模型中的实际问题，比如模型精确度、开挖等方面细致地处理，或者先在 InfraWorks 中进行大致地处理然后导入，进行细致建模。这也是比较主流的一些做法。

　　第二种在实际应用中就较少了，因为 Navisworks Manage 主要是和 Revit 进行交互作用，在 InfraWorks 中的应用较少。

　　第三种主要是为了方便加入各种数据模型，比如城市家具模型、城市交通模型等一系列三维模型使 InfraWorks 中的模型数据库更加丰富。

　　关于和 Revit 进行交互，前面介绍了如何在 InfraWorks 中将模型发送到 Revit 中，这里就简单介绍如何将 Revit 中的模型发送到 InfraWorks 中。通过在 Revit 进行另存为 FBX 数据格式或者其他数据格式，导入到 InfraWorks 中进行设置与分析。InfraWorks 的模型导入到 Revit 中的时候，是一个整体，只能进行简单的操作，而在 Revit 中的模型导入到 InfraWorks 中的时候，只能操作特性，其他的不能被操作。

10.1　Civil 3D 和 InfraWorks 数据交互

　　Civil 3D 是一款基础设施设计软件，具有精确度高、智能化等优点，相对于 InfraWorks，其精度更高，不管是翻模还是建模，Civil 3D 都具有很大的优势，比如在翻模的时候道路中心线、道路中桩高程都可以直接导入进去，完全避免造成错误。

　　Civil 3D 自带了与 InfraWorks 交互的功能，其中包括打开 InfraWorks、交互设置、打开模型、导入 IMX、导出 IMX、产品页面等功能。Civil 3D 创建好的模型可以直接导入到 InfraWorks，InfraWorks 通过模型生成器生成的地形和创建的构筑物也可以导入到 InfraWorks。在欧特克设计 InfraWorks 和 Civil 3D 时就充分考虑两者的结合。本来最开始考虑的就是 Civil 3D 设计，InfraWorks 优化、整合。根据前面的介绍大家也发现 InfraWorks 主要的作用。在对 Civil 3D 和 InfraWorks 执行数据交互的时候，一定要保证电脑均安装这两个软件，最好版本一样，版本不一致有的时候会出现一些问题，导致无法进行运算。为避免不必要的问题所以这里统一采用相同版本。Civil 3D 和 InfraWorks 交互还有一个非常重要的问题就是坐标。坐标没有达成共识，在数据互导就存在很大的困难。Civil 3D 所识别的坐标，在 InfraWorks 中无法被识别，需要重新设置。还有路线的标签，纵断面样式等一系列的图元可能在 Civil 3D 中进行编辑与识别，但是在 InfraWorks 中可能不能被识别与编辑这就需要我们在数据交互的时候做好设置。

1. 数据工作流程

Civil 3D 处理地形高程点，创建路线的平面图和纵断面图，生成主要结构物实体。然后进行导入设置，最后导入 InfraWorks 中进行整合、分析，如图 10-1 所示。

图 10-1　数据工作流程

2. 数据设置

数据设置主要是坐标系、单位、对象。

1）坐标

在 InfraWorks 模型中默认使用的是 UCS，该坐标系与 Civil 3D 图形中使用的坐标系兼容。但是，通过模型生成器创建的 InfraWorks 模型使用 LL84 坐标系，而 Civil 3D 不支持该坐标系。就是我们通过模型生成器生成的地图和要素模型在导入到 Civil 3D 时，无法显示。如果事先有三维地图，比较好分析，但是如果工程还没有开始，没有当地等高线，通过模型生成器生成地图，是一个非常重要的思路。所以在交互设置的时候，需要设置两者都适应的坐标。这里建议事先设置好坐标，特别是 InfraWorks 中的模型生成器生成的地图导入到 Civil 3D 中，如果不指定那么将无法导入进去。后面将会从实例中详细介绍操作步骤。

2）单位

Civil 3D 单位设置是在工具空间—设定里面，点击右键即可，这里统一设置为公制尺寸，如图 10-2 所示。InfraWorks 单位设置前面已经介绍过，这里就不做过多的说明。在执行数据交互的时候，一定要保证两者的尺寸是一致的。

3）对象

在进行对象操作时，操作者需要明白对象名称差别，InfraWorks 中的对象名称是在 Civil 3D 的名称，如果是 IMX 互相导出或者导入，可能不用设置得比较细致，但是采用数据交互面板进行导入或者导出的时候，就需要我们进行细致的设置。操作者需要掌握两种名称的不同，如表 10-1、表 10-2 所示。

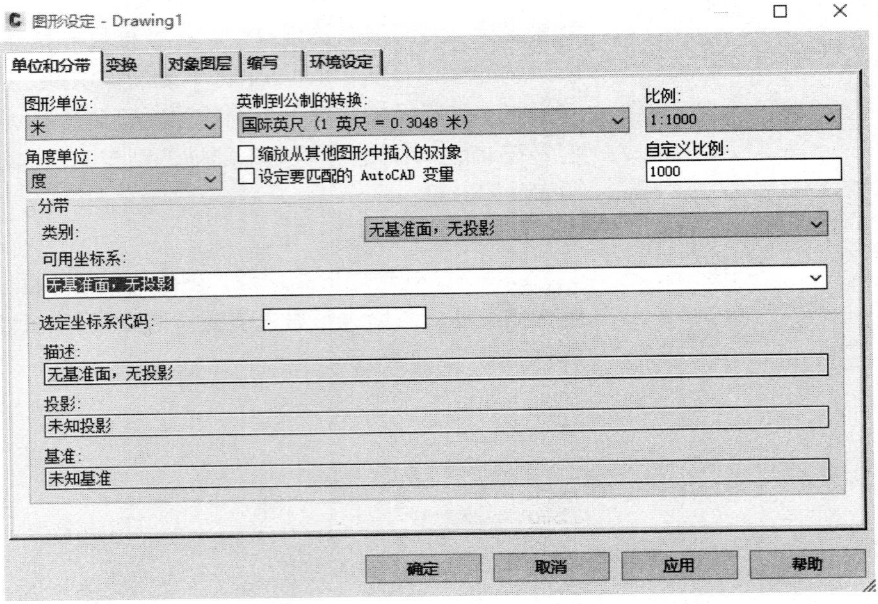

图 10-2　Civil 3D 单位设置

Civil 3D 数据导出 InfraWorks

表 10-1

序号	Civil 3D	InfraWorks
1	三角形曲面	地形曲面
2	管网	规划设施
3	路线	规划道路
4	路线、设计纵断面、原始纵断面	设计道路、组件道路
5	带加铺转角的交叉口	交叉口
6	三维多段线	面层
7	三维多段线	水域
8	桥、隧道、道路	三维实体
9	环形交叉口	环形交叉口

Civil 3D 数据导入 InfraWorks

表 10-2

序号	Civil 3D	InfraWorks
1	三角网曲面	地形曲面
2	路线和纵断面	组件道路（水平和垂直简图）和轨道路线
3	道路和道路曲面	组件道路、面层和地形曲面
4	管网	带进水口和检修孔或带管线接头的管线

4）对象

预定义对象设置文件位于以下文件夹中：

C:\ProgramData\Autodesk\C3D 2020\chs\Data\InfraWorks Object Settings\Metric 和 C:\ProgramData\Autodesk\C3D 2020\chs\Data\InfraWorks Object Settings\Imperial。

提供以下预定义对象设定文件：

所有 Objects.xml：导入所有类型的 InfraWorks 对象。

设计 Objects.xml：只导入 InfraWorks 设计对象。

规划 Objects.xml：只导入 InfraWorks 规划对象。

3. 操作步骤

（1）Civil 3D 导入 InfraWorks

首先，利于 Civil 3D 生成三维地形曲面、要创建的构筑物比如道路、管网、隧道、桥梁等。生成三维实体模型。Civil 3D 是利用曲面生成三维实体。三维模型、材质、空间位置全部调整好了后，就可以导出到 InfraWorks 中。这里提供了两种方法，一种是直接导出 DWF、DXF 等其他 InfraWorks 识别的格式，如图 10-3 所示，另一种就是通过配置交换设置，然后导出 IMX 格式进行导入。

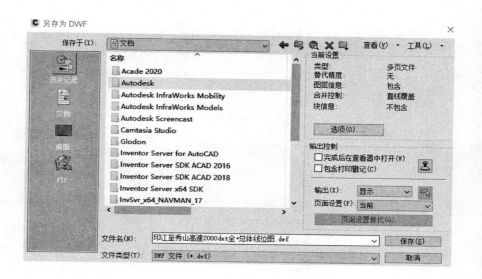

图 10-3　导出 DWF 格式

第一种方法比较简单，直接导出相应的格式即可。但是其他格式对 InfraWorks 数据交互没有 IMX 数据好。在 InfraWorks 和 Civil 3D 数据交互时，建议还是采用 IMX 格式。

另外一种方法，就是利用 InfraWorks 面板，先进行交互设置，然后导出 IMX，再利用数据源导入到 IMX 格式。首先交换设置就是对数据进行对照，哪些数据是需要的，哪些数据是不需要的。这里导入 InfraWorks 数据源后和数据源的要素分类是一致的。样式和图层导入到 InfraWorks 中是可以重新调整的。此处为了防止操作者对操作对象不明白，所以直接用数据交互进行表示，如图 10-4 所示。这里不仅表示清楚，而且可以对对象设置图层，方便在 InfraWorks 中调整曲面图层进行修改。这里的图层设置和 CAD 图层一样，如图 10-6 所示。

然后进行导出的操作，如图 10-5 所示，这里导出有两点需要注意：一方面是格式应为 IMX 版本，如图 10-8 所示，另一方面是导出的文件是通过文件存储路径进行存储的，最好先确定存储路径，避免找不到文件。

最后，利用 InfraWorks 进行数据源导入设置。注意在导入时坐标设置非常重要，如果坐标设置不正确，那么三维模型也就查看不到。

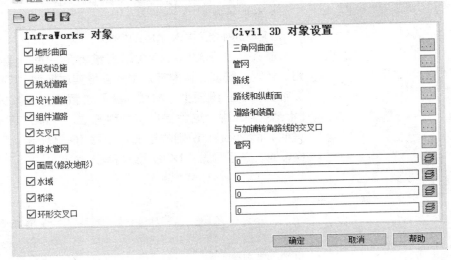

图 10-4　交互设置

```
命令:
命令: _ConfigureAIWImport
命令:
命令: _IMX_EXPORT Loading AECC ImxImpExpCmd...
当前图形中有未保存的更改，是否要在导出之前保存？ [Y/N]<Y>:Y
_SAVE 图形另存为 <C:\Users\TheOne\Documents\tencent files\875063969\filerecv\印江至秀山高速
2000dxt全+总体线位图.dwg>: 图形另存为 <C:\Users\TheOne\Documents\tencent files\875063969
\filerecv\印江至秀山高速2000dxt全+总体线位图.dwg>:
图形以 AutoCAD 2018 格式保存。
请输入可写的 IMX 文件夹路径:<C:\Users\TheOne\Documents\tencent files\875063969\filerecv\>*
取消*
请输入所需的 IMX 版本 [2.1/2.0]<2.1>:2.0
已开始导出: C:\Users\TheOne\Documents\tencent files\875063969\filerecv\印江至秀山高速
2000dxt全+总体线位图.imx。
导出版本: 2.0
正在导出管道...
正在导出结构...
正在导出 0 个路线...
正在导出 0 个纵断面...
导出完成: C:\Users\TheOne\Documents\tencent files\875063969\filerecv\印江至秀山高速2000dxt
全+总体线位图.imx
命令:
IMX_EXPORT
```

图 10-5　导出命令

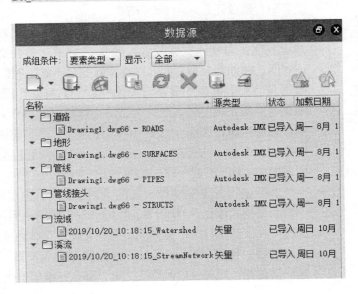

图 10-6　数据源图层

针对导入的三维实体模型，如图 10-7 所示，InfraWorks 可以使用自定义的样式进行替换。

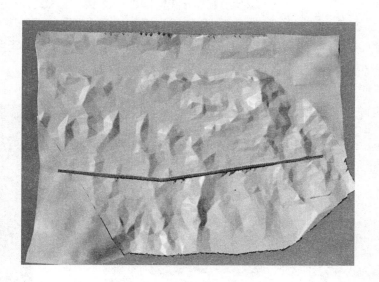

图 10-7　导入成像

（2）InfraWorks 导入 Civil 3D

在 InfraWorks 中，通过模型生成器生成当地地图，然后设置导出坐标，这里的坐标一定要相互识别。设置坐标范围、目标坐标系、目标文件地址。坐标范围要和目标坐标系一致。这里可以使用整个模型范围，也可以只定义一部分范围坐标系。提供的目标坐标系是 LL84，但是在 Civil 3D 里面识别不了，所以这里采用的是 WGS84.PseudoMercator 坐标系。

然后采用导入 IMX 面板，直接找到文件位置进行导入。

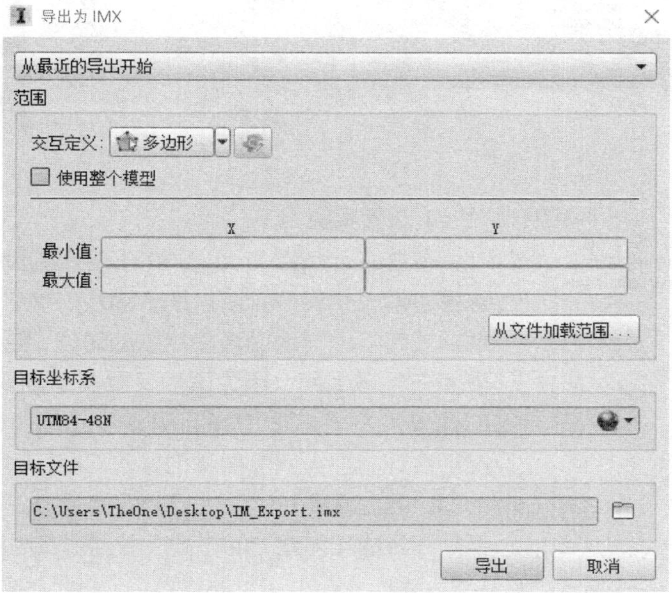

图 10-8　导出 IMX 设置

这里生成的地形直接是曲面，如图 10-9、图 10-10 所示，可以进行曲面操作，道路是根据路线生成的，路线将会显示该处的实际名称，可以对路线执行任何操作，即我们在规划道路时，需要绘制出原有的实际道路以方便和规划道路进行分析，并且只需要绘制纵断面、横断面就可以马上生成道路实体。桩号、坐标均可以生成信息但是缺乏高程信息，如图 10-11 所示。

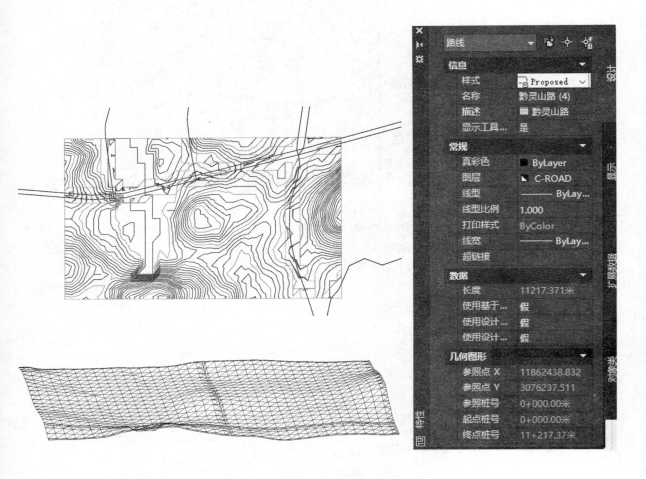

图 10-9　Civil 3D 中显示该模型生成器生成的地图（左上）
图 10-10　三维地形曲面（左下）
图 10-11　路线特性（右）

4. 设置实例

有些在 InfraWorks 中处理不好的细节需要在 Civil 3D 中进行设置。这里讲解一个实例，以供读者朋友们参考。比如在创建桥梁的时候遇到地系梁或者桥墩与地面直接接触的时候，这一块土地是否应该开挖并且不会覆盖在桥墩上面，因为覆盖又要多增加成本。先来看看在 InfraWorks 中的处理，如图 10-12 所示。这里土地是覆盖在桥面上的，说明和实际情况不合理，那么就需要我们导入 Civil 3D 进行处理，这里一起导入的还有地形，因为需要对这里进行曲面编辑。在导入进去后，会发现本来是桥梁，但是在生成实体查看的时候会看到很多边坡，如图 10-13 所示。

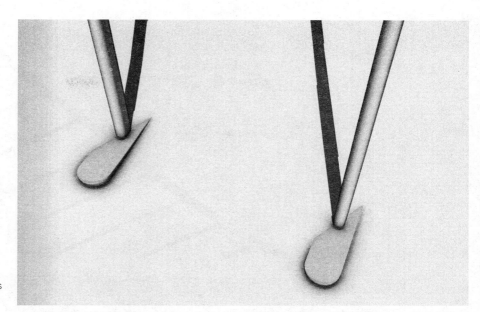

图 10-12 InfraWorks
处理

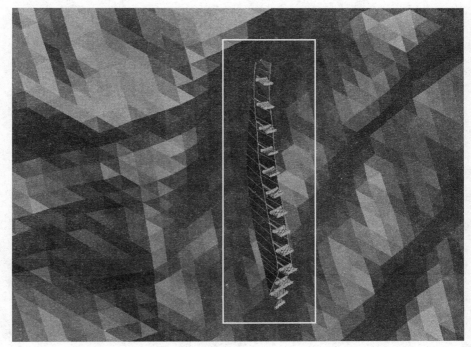

图 10-13 三维实体（方
框内为边坡）

这就需要把边坡去掉。在导入进来的时候桥梁三维模型并没有被
Civil 3D 识别为桥梁，而被认为是道路，这里的桥梁只是一个三维模型，
如图 10-14 所示。那么首先要设置横断面，先确定道路和桥梁的分界点，
通过平面图很好区分桥台的位置，如图 10-15 所示。

然后点击道路，拆分道路区域，前面一段是道路，后面一段路是桥梁，
如图 10-16 所示。

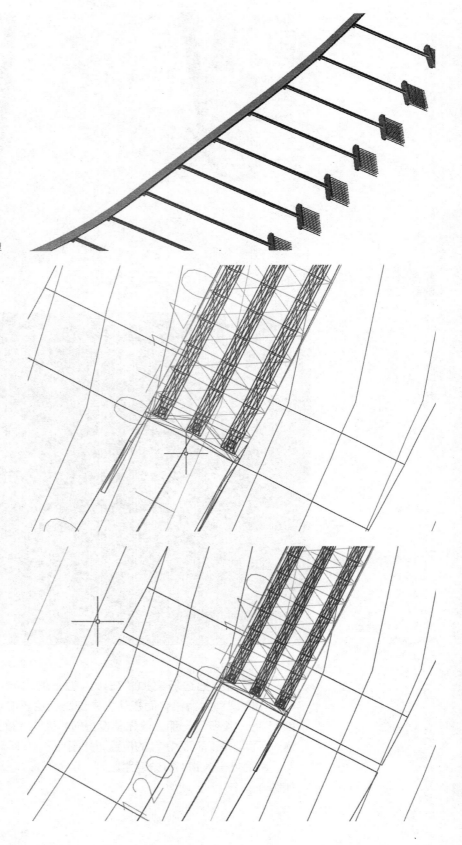

图 10-14　InfraWorks 桥梁模型

图 10-15　桥台和路面连接点

图 10-16　道路已经拆分

通过装配创建横断面，点击装配，如图 10-17 所示，然后创建桥梁横断面，这里随便找一个桥梁横断面，后面还会在 InfraWorks 中进行修改。

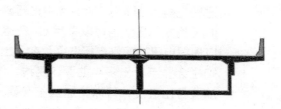

图 10-17　桥梁装配

点击道路特性，由道路特性可以很清楚的看出道路已经分为两段，但是装配还是一样，根据桩号里程设置装配，如图 10-18 所示。点击确定，重新生成道路，如图 10-19 所示。

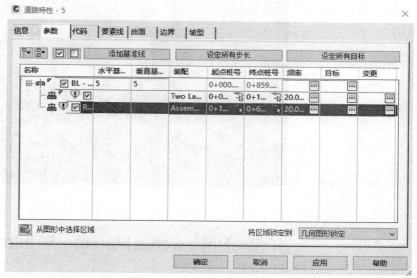

图 10-18　装配设置

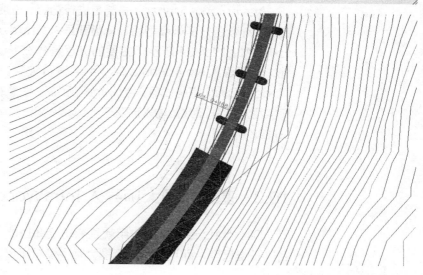

图 10-19　道路重新生成

注意在生成道路的时候，一定要将道路连接点与桥梁连接点合在一起，之前为了区分，进行了切割，现在就需要合在一起。生成完成后可以在三维视图里面查看，这里在查看的时候发现没有桥墩与地形相交，所以这里先导入到 InfraWorks 中进行查看。导入 InfraWorks 这里还是采用 IMX 格式，当然也可以采用 CAD 格式，这里就不限定采用哪种格式。可以根据自己的偏好自行选择，在导出的时候如果设置了其他结构导出，通知栏会显示导出多少曲面、路线、纵断面等一些结构物，有的时候为了加快导出进度，可以将这些不必要的数据进行设置，然后导出，因为在 InfraWorks 中同样也可以看到这些结构物。在 InfraWorks 不进行显示也是可以的，如图 10-20 所示。

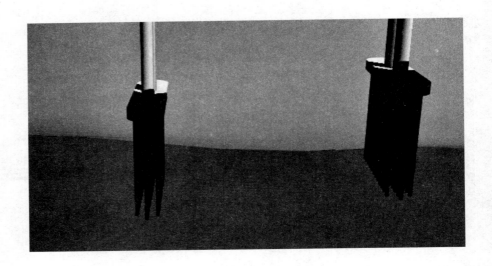

图 10-20　地形已处理好

10.2　Navisworks Manage 与 InfraWorks 交互

Navisworks Manage 主要是进行物资、进度、渲染、动画模拟应用，在 Revit 创建好房间模型后，就需要导入 Navisworks Manage 进行相关分析，如图 10-21 所示。主要的流程是先在 Revit 里面创建好模型与场地，然后导入 Navisworks Manage 进行渲染，最后通过输出 DGN 3D Model、DWF 等格式导入到 InfraWorks。注意在导入时，一定要在设置和实用功能里面数据输入对基于 Navisworks 的本地导入进行选择，如图 10-22 所示。

10.3　基于草图大师导入 InfraWorks

Sketchup 最强大的作用就是简单绘图功能，能够在短时间内绘制出各种三维模型，而且网上有草图大师模型数据库，同时，在谷歌地球模型

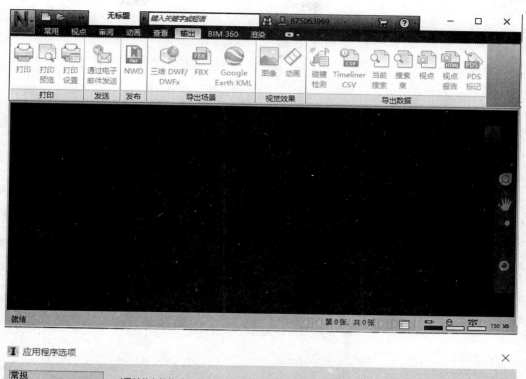

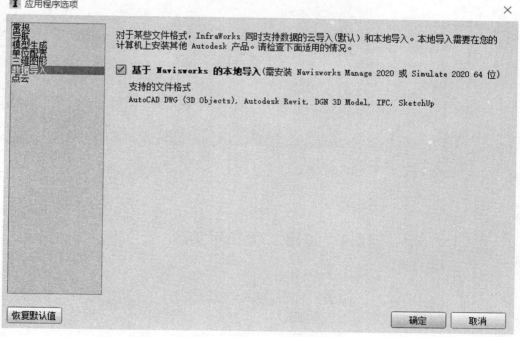

图 10-21　Navisworks Manage 输出界面（上）
图 10-22　基于本地选择（下）

库里面可以下载很多免费模型进行研究。谷歌地球模型库网站为 https://3dwarehouse.sketchup.com/model。导入的时候要注意模型库模型版本，不然 InfraWorks 无法识别。在导入进 InfraWorks 中需要设置模型的种类、坐标才能够进行编辑和显示，如图 10-23 所示。

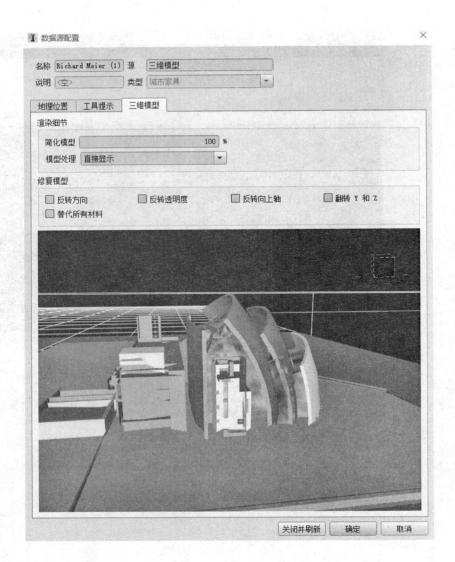

图 10-23 模型库数据源设置

10.4 道路工程应用实践

1. 主要应用点

道路方面的应用主要是临时设施、道路边坡、土石方开挖应用。

2. 工程概况

项目位于贵州省最北部的遵义境内正安县与习水县之间，是贵州高速公路主骨架的重要组成部分。正习高速公路第二合同段起讫里程：K9+080 ~ K21+670。合同段内路基最小平曲线半径 720m，最大纵坡 3.9%，采用双向四车道高速公路标准，设计速度 80km/h，整体路基宽度 24.5m，分离式路基宽度 12.25m；桥梁设计荷载等级采用公路 I 级。

路线始于杨兴乡杨兴村，经新场村、碧峰村、青定村，终于碧峰乡羊坎村桐梓岗组，线路全长 12.59km。

本合同总投资额 8.9 亿元，主要工程量：桥梁 13 座（未包含互通），5382.5m，预制 T 梁 1375 片，涵洞 36 道，1177m，桥比为 42.8%。杨兴互通一处（含主线跨线桥 1 座，A 匝道桥一座，杨兴大桥一座），杨兴停车区一处；路基挖方 367.6 万 m³，路基填方 268 万 m³。

3. 视距分析与施工便道

视距分析工程概况：该临建设施为隧道进口场区，因隧道属于大长隧道，属于控制性工程，工期紧张。同时当地环境较恶劣，交通条件较差，提前安排临建工程建设具有非常大的现实作用。BIM 人员进入临建场区进行提前规划与分析，以达到降本增效的目的。

（1）临建工程场区地形曲面建立。

由设计图纸隧道里程桩号，就可以通过坐标定位，定出隧道进出口坐标，然后创建临建场区地形曲面。在进行创建时，对场区面积不用太精确，但是隧道进口位置一定要进行标注，以免到时创建区域时，把洞口位置包含在其中。

（2）曲面、视距分析。

曲面分析主要是确定各临建构造物的位置，软件分析功能十分强大，基本上可以保证工程师不用出现在现场也可以查看地形，在电脑上就可以对整个地形了如指掌。视距分析，主要是为便道设计提供理论参考。

曲面分析——高程分析：了解场区高程分部；

曲面分析——流域分析：通过分析曲面流域面积，得出各曲面流域相关数据；

曲面分析——坡面箭头分析：了解曲面坡面朝向；

曲面分析——坡度分析：知道曲面地势坡度朝向；

曲面分析——方向分析：通过方向分析，配合其他分析更了解曲面地貌；

曲面分析——等高线分析：直观的查看地区地势现状。

在图中各种分析均会加以颜色区分，或者添加自己需要数据显示。当然这里可以自己设定显示内容，非常直观。

视距分析，视距是驾驶员在便道上行驶时，需要看到前方一定的距离，而让其有足够时间反应。在施工便道进行设计时，如果转弯半径过小，那么车辆在行驶过程中极易看不清前方道路情况，而导致事故发生。在软件中首先通过视线影响区的分析大致得出便道的路径，如图 10-24 所示。然后进行点到点视距分析，该分析是指定一点，以原点为第一点进行分析，观察两点之间是否阻挡，如图 10-25 所示。在转弯处放置两点，对于进行分析十分有用，在进行分析时，命令行还会显示两点之间的距离。最后进行视距分析，视距分析是针对每一个桩号，对布置警示牌特别有用，而且根据视距分析结果，可以很清楚的看出每一个桩号的视距结果。

执行以上分析后，在导入 InfraWorks 中进行视距分析，得出具体视距分析结果，如图 10-26 所示。

由以上各种分析，得出工人驻地、混凝土拌合站、型钢加工场的地理位置和施工便道的大致走向，再配合场地填挖量，控制项目成本。

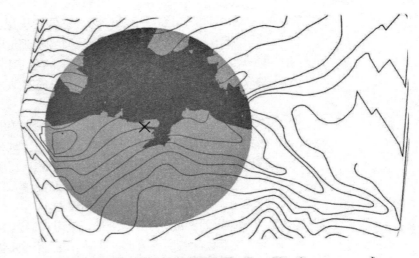

图 10-24　视线影响区分析结果

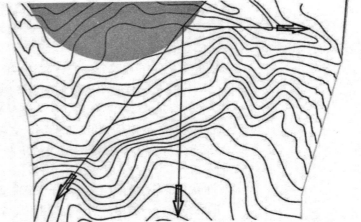

图 10-25　点到点视距分析

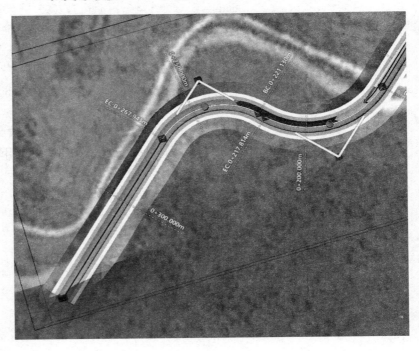

图 10-26　视距分析

（3）施工便道介绍与工程概况

在当前土木施工环境情况下，对于施工便道通常考虑线性和挖填方量。而在这两方面，往往取决于工程人员经验和当地地形。施工便道的施工工期一般较短，给工程人员可思考的时间较少，采用 BIM 协同技术进行设计与施工，可大大地提高工程人员的工作效率，特别是在设计方案对比中，对路线、成本进行智能控制，可有效地保证施工便道设计的准确性，降低工程成本。

工程概况：工程位于贵州省遵义市，主体工程为正安至习水的高速公路，本文主要分析该工程主施工便道项目。该便道标准路段设计宽度为6.5m，总长为 3.5km，在某些地段设置有 30cm×30cm 边沟，途经铁匠岩 1 号中桥，跨河向右经过回头曲线绕线进入弃土场。

BIM 协同：Civil 3D 和 InfraWorks 是两款专门针对路桥的 BIM 软件。一方面，两者数据交流信息丢失率很低；另一方面，InfraWorks 拥有绘制道路、桥梁、隧道功能，但是模型不是很精确，特别是对于复杂道路精细化模型，需要在 Civil 3D 创建模型，而后导入 InfraWorks 进行道路优化，以保证施工便道的准确性和合理性，故采用 Civil 3D 设计和 InfraWorks 协同的形式，如图 10-27 所示。

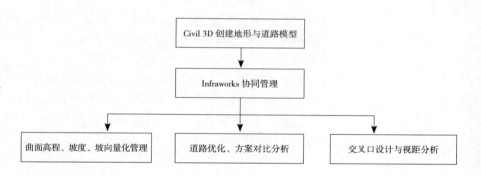

图 10-27　BIM 协同流程

（4）主便道道路和曲面的生成

将二维图纸中主施工便道平面图数据直接导入 Civil 3D，创建主施工便道道路模型和地形曲面。道路中心线根据平面图路线直接创建，待其创建完成后，再创建道路横断面和纵断面。

横断面主要通过部件编辑器或者软件自带的道路部件进行创建，考虑到施工便道结构简单，这里利用软件自带的道路部件进行创建。然后创建纵断面，Civil 3D 提供有专门的纵断面设计功能，根据高程与坡度进行设计创建，在创建前注意先创建曲面纵断面，即原始地形纵断面。以上创建完成后，再进行道路的创建。选择道路路线、路线纵断面、横断面进行道路创建，生成道路。在道路创建完成之后，还要进行道路曲面的创建，这里生成道路曲面：一方面，是为了方便附材质、生成土石方开挖量；另一方面，生成道路曲面再导入 InfraWorks 中就能清楚看出道路、边沟、边坡。当然在 InfraWorks 中可以对道路、边沟、边坡进行调整，但是如果涉及复杂道路或者横断面时，Civil 3D 具有更大的优势。

（5）导入 InfraWorks 协同管理

在 Civil 3D 中创建好地形和道路模型，然后导入 InfraWorks 进行方案对比、土石方成本、视距等分析。这里采用 DWG 格式直接导入，导入 InfraWorks 后进行配置，地形曲面和施工便道均采用统一坐标系，直接配置坐标，刷新即可。

（6）总结

高效性：设计流程通过软件来实现，Civil 3D 和 InfraWorks 均具有动态更新的功能，改变某一点的位移，其土石方量、成本可动态更新，方便做多种动态比较，可提高工作效率，并可减少诸多计算问题。

智能性：InfraWorks 是一款智能协同设计软件，在道路优化中，确定道路起点和终点，就可以在两点之间设计出最优路线。

数据流通性：Civil 3D 和 InfraWorks 软件接口较多，数据往往能够无缝传递，可减小数据丢失的风险。

数据安全性：InfraWorks 数据可以上传云平台，通过账号、密码就能完成对模型的管理。而且在云平台对模型进行流域、道路优化等特殊分析时，会给予账户邮件通知，从而进一步保障模型的安全。

4. 土石方开挖

场地填挖量计算。这里分析主要是以 2 号搅拌站为例，在把地理位置确定以后，就可以进行土石方开挖与分析。软件是通过两个曲面进行计算与分析的，在项目上，临建场区整平、开挖一般是现场指挥，没有一个具体的标准，而在软件中，可以设置场区整平后的坡度，三维查看场平之后的坡度，进行微调。然后与原始地理曲面进行计算，就能十分快捷地得出土石方平整的量。当然这里可以进行三维交底了，如图 10-28 ～图 10-32 所示。

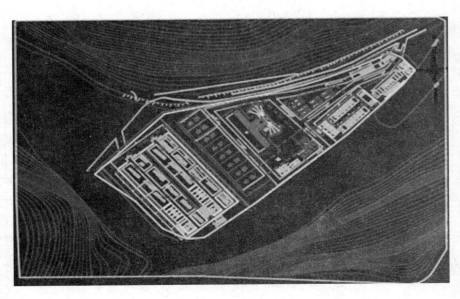

图 10-28　搅拌站二维图

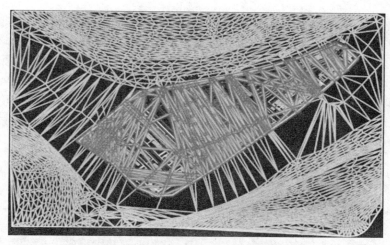

图 10-29　搅拌站三维图

	测站	高程（实际）	长度	前链坡率	后链坡率
▲	0+00.00	637.896′	9.066′		0.23%
⊙	0+09.07	637.916′	11.758′	-0.23%	0.24%
⊙	0+20.82	637.945′	5.586′	-0.24%	0.19%
⊙	0+26.41	637.956′	14.709′	-0.19%	0.22%
▲	0+41.12	637.988′	4.395′	-0.22%	0.10%
⊙	0+45.52	637.993′	0.221′	-0.10%	0.17%
⊙	0+45.74	637.993′	0.177′	-0.17%	0.19%
⊙	0+45.91	637.993′	0.353′	-0.19%	0.16%
⊙	0+46.27	637.994′	0.277′	-0.16%	0.13%
⊙	0+46.54	637.994′	0.303′	-0.13%	-0.02%
⊙	0+46.85	637.994′	9.075′	0.02%	0.06%
⊙	0+55.92	638.000′	5.006′	-0.06%	8.94%
⊙	0+60.93	638.448′	0.239′	-8.94%	-0.97%
⊙	0+61.17	638.445′	0.122′	0.97%	-7.42%
⊙	0+61.29	638.436′	0.690′	7.42%	-12.41%
⊙	0+61.98	638.351′	1.216′	12.41%	-3.16%
⊙	0+63.19	638.312′	6.742′	3.16%	2.99%

图 10-30　搅拌站场地坡度计算

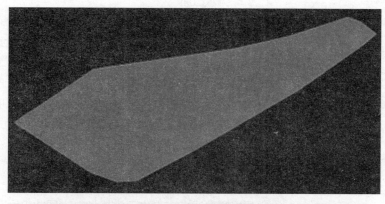

图 10-31　搅拌站三维模型

Volume Summary

Name	Type	Cut Factor	Fill Factor	2d Area (平方英尺)	Cut (立方码)	Fill (立方码)	Net (立方码)
2#搅拌站	full	1.000	1.000	16796.49	793.56	251.69	541.87<挖方>

Totals

		2d Area (平方英尺)	Cut (立方码)	Fill (立方码)	Net (立方码)
Total		16796.49	793.56	251.69	541.87<挖方>

* Value adjusted by cut or fill factor other than 1.0

图 10-32　搅拌站土石方计算

将要素模型导入 InfraWorks 中，进行土石方调配计算，在道路优化时，在搅拌站设置开挖土方区域，然后由道路优化报告得出该运输路径。这里弃土场设置也可以先在 Civil 3D 里面设置好，然后再导入进去，如图 10-33 所示。

总结：根据 BIM 软件进行进一步模拟，可以在弃土场选择、运输车辆选择、运输距离的选择上面做出成本模拟，对成本控制具有重大的现实意义。

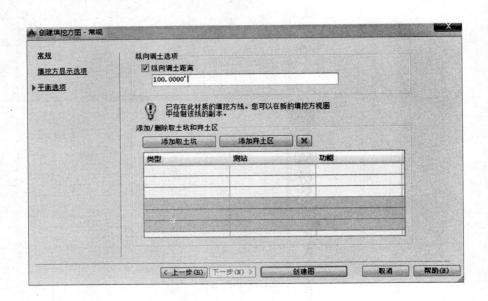

图 10-33　设置土石方

5. 排水分析

（1）排水分析工程概况：

该市政工程项目位于贵州省都匀市环西大道（K0+000 ~ K4+800 段）。本次道路设计长度为 4.8km。工程设计排水管道作用是污水管道，布置管径 $DN400$ ~ $DN800$、坡度尽量接近道路坡度、管道双侧敷设在人行道下。管道采用 HDPE 双壁波纹管，其强度等级 $SN ≥ 8kN/m^2$，管道连接采用承插式密封圈连接。

采用 Civil 3D 软件来进行管网设计应用，主要是因为一方面工期比较紧张，必须提前发现管网设计图纸的问题，同时市面上其他分析管网软件过于专业化，采用 Civil 3D 软件也成为比较合适的选择。另外一方面是工程竣工以后，需要为业主提供三维模型，方便业主后期进行水文地质分析。

（2）Civil 3D 管道通常的设计流程是，首先根据原始数据创建三维地形曲面，针对地形曲面进行分析，这里分析主要是要了解整个地形的汇水位置和出水位置，帮助设计者做好管道的进水口和出水口。然后在地形曲面上，按照管道设计规则，使用管网零件（管网零件就是管道的结构和材质），进行三维管网网络设计。注意这里管网设计是自动生成的，并且这些管网不是单独的个体，它不是和道路、曲面分开的，实际上创建管网时它就和道路的平、纵、横断面图进行关联，根据这些关联就可以对管网零件进行平、纵、横的调整，以满足管网设计的精确性。最后，就可以在三维视图中对管网进行审核和碰撞分析，如需对管道直径、坡度进行进一步优化，还需要计算流水时间。再添加上相应的管网标签，就完成了整个管网的设计流程，如图 10-34 所示。

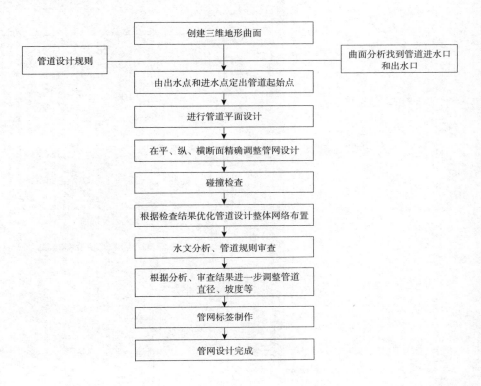

图 10-34　管网设计流程

（3）管网创建

Civil 3D 提供了管网创建工具和从对象创建管网两种管网创建工具，同时还可以设置带有弯头接口的管网，管网创建工具主要是根据曲面分析最低汇水点和出水点后，进行管网网络的创建，操作方便，在平面图中指定管网起始位置即可开始创建。从对象创建管网主要是在进行市政道路管网设计时，往往要根据道路路线进行管网的布设。在 Civil 3D 里对象包括二维线、三维线、多段线等，在根据路线设计好管网线段后，只需要选择相应的线段即可生成管网。当然这里也可以根据路线中心线或者边坡线生成管道。

由于已知道路路线、红线、管道平面图，如图 10-35，且属于市政管道网络工程，采用对象创建管网方便快捷，直接选择绘制或者选取多段线来进行管道创建，如图 10-36，在进行管网选择之前还可以选择管网的结构和管道特性，也可以从对象查看器窗口查看管网三维模型，在选择对象生成管道时，一定要注意管道顶点高程的引用。一旦设置某点高程，整个管道均会按照这一高程执行并且不会应用到管道规则，以防止与管道规则相冲突。同时在创建完管道网络之后对于接口处或者预留孔处进行坐标核算以保证管网网络的准确性。

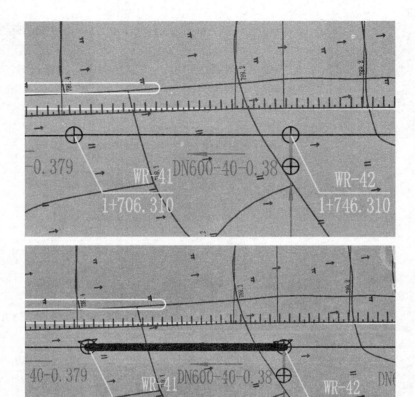

图 10-35　管网平面图

图 10-36　管网平面图（图中变粗直线即为已创建的管网）

（4）管网空间位置确定

在根据平面图绘制管网网络之后，管网也直接在纵断面、横断面图中显示。同时在绘制零件后，通过在不同的视图中展示，使用夹点编辑或直接在零件特性对话框中编辑表格格式的功能来调整零件的垂直布局。也可以添加动态管理表格方式来统计管网零件数据，如图 10-37 所示，或标记零件以使其容易被识别。为了保证管网空间位置的准确性，这里主要是通过管网在纵断面和横断面中的横向和纵向进行调整。

管道表格			
管道名称	大小	长度	坡度
管道 –（4）	12.000	340.580	1.00%
管道 –（5）	12.000	176.030	1.00%
管道 –（6）	12.000	322.699	1.00%
管道 –（7）	12.000	308.393	1.00%

图 10-37　管道表格

在纵断面图中调整：在纵断面主要调整管网的坡度、坡度起始、终点位置和设计坡度的误差，因为 Civil 3D 包含 CAD 的所有功能，所以可以导入纵断面设计图进行坐标核算，同时由纵断面图还可以进一步显示与原有路线交叉的管道，避免管道与已有管网产生碰撞。进一步通过纵断面特性查看管网结构、更新管网图层和样式，如图 10-38、图 10-39 所示。

图 10-38　管道在纵断面图中显示（1 是道路纵断面、2 是设计图纸管道纵断面、3 是软件设计管道纵断面）（上）
图 10-39　纵断面特性显示管网（下）

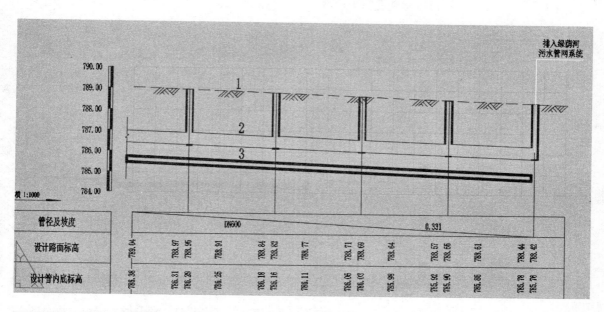

（5）横断面图调整

首先，需要创建道路三维模型和采样线，创建采样线的目的是统计每一个桩号横断面所显示的宽度、材质，只有与采样线实际交叉的管网零件才会显示在横断面图中。本次创建采样线左右宽度均取 30m 的宽度。然后创建横断面图，如图 10-40 所示，管网横断面即出现在道路横断面中。注意在选择"选择样式集"对话框中，全部选择"无标签"，以方便的查看横断面图中的管网零件。通过在横断面中的管网位置就可以在横向对管网进行准确性设置与预埋。

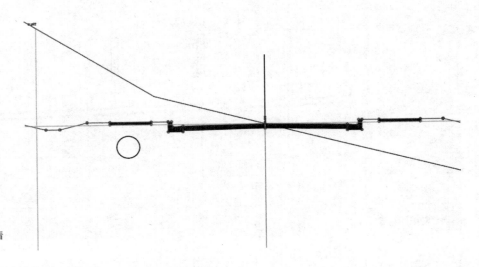

图 10-40　在横断面中查看管网

（6）曼宁公式简介

曼宁公式是 1889 年由美国水利学者曼宁提出的，反映水流与河床的部分关系以及河床内部诸因素间的相互关系。常用于物理计算、水利建设等活动中，在地下管网应用较少。AutoCAD Civil 3D 是一款智能管网三维建模软件，在管网设计时能够实时、动态生成管网模型，管网设计工作与道路设计工作类似，均有平、纵、横视图显示。软件自带有丰富的管网零件和管网结构，基本上满足市政管网设计研究工作。但在目前使用软件进行管网优化设计时通常只考虑管网零件规则查错和三维碰撞，很少运用曼宁公式解决管网优化设计和管网查错问题。同时在管网设计中如果直接引用曼宁公式进行计算，需要事先计算出水力半径，在软件操作方面软件无法自动识别水力半径，造成已编制完成的流量表达式，软件无法选取识别相应的数据进行计算。所以直接利用曼宁公式进行工程管网施工运用存在困难，要求在实际管网工程中对曼宁公式进行进一步优化。

（7）曼宁公式在地下管网应用研究现状

曼宁公式因为简单，应用方便，受到广大技术人员的普遍欢迎，而且应用广泛。如果在进行管网设计时，可以动态显示每一个管网零件的流量值，那么动态流量值将对优化管网方案起到巨大作用。然而目前针对曼宁公式的研究主要放在河道、水库、急变流等方面，在管网方面因地下管线变更频繁，数量不断增多，旧管线不断被替换，地下管网系统永远处在一个动态的变化之中。造成相关应用比较少。如果让曼宁公式与管网零件半径、坡度、动态连接起来，将完全改变传统的管网设计思维。目前，曼宁公式在地下管网中主要应用于较粗糙的管网或管网水头损失计算方面的应用，主要原因在于：一方面是市面上关于管网设计软件无法很好的与曼宁公式进行深度拟合，直接造成软件术语过于专业，操作复杂，软件应用较少。另一方面，大多数管网网络设计者并没有把曼宁公式作为管网网络设计的革新者，致使传统管网设计思维未得到有效改变。可知，曼宁公式在地下管网的应用尚处在初级阶段，目前的应用没有把曼宁公式与信息化、智能化结合，也没有对曼宁公式在管网设计的应用做出深入研究。

（8）曼宁公式优化

曼宁公式被认为是用于计算管网中异重流的工程默认公式，其基本的计算公式为：

$$Q=FV=F\frac{k}{n}R^{\frac{2}{3}}\cdot S^{\frac{1}{2}}$$

式中 k 为转换系数；F 为流水横断面面积；n 为粗糙率，是综合反映管渠壁面粗糙情况对水流影响的一个系数；R 是水力半径，是流体截面积与湿周长的比值；S 指管网底坡坡度。进行管网优化时，通常考虑管网直径与坡度，因为在工程中容易调整，而水力半径与管网零件直径相关，这里对水力半径进行优化。为方便进行计算，在优化管网设计时，统一假设管网的最大流量为 100%，则管网的过水断面面积为管网横断面面积，湿周为管网的周长。根据上述说明，进一步将曼宁公式简化为含有管网半径、坡度的函数：$Q=(k/n)×\pi×(R)^2×(R/2)^(2/3)×（坡度）^(1/2)$。这样做有以下三点好处：①方便在后期工作中对管网流量表达式进行自定义的设置，管网零件半径有多种表达方式，不用根据实际数据转化为软件识别的表达式；计算准确，有保证。②根据管网流量表达式设置管网流量标签，在设计管网的过程中就可以直接显示管网流量，无需查询与计算。③在管网流量计算时，通常以管网全流量进行计算、分析，该简化公式也是根据全流量考虑，减少两者转化误差，保证最后结果的准确性。

（9）管网流量表达式自定义编写

在管网标签设定功能里，可以自定义编写表达式，这样有两方面的好处，一方面是可以针对不同的工程类型进行不同流量公式的编写，以满足实际工程需求。另外一方面方便软件二次开发出软件自身没有的参数，只需要把参数替换即可满足计算要求。在输入公式之前需要对软件函数做一个比较清晰的认识，在公式编制之前一定要按照软件合法的数据进行编制，可以在帮助文档查找软件识别的数据或者在编写表达式时直接使用软件自带的函数表达式。软件提供了许多管网基础数据，比如管道半径、方向角、内部直径或宽度等。比如软件对"坡度"是不识别的,"管道坡度"才能够识别,对识别不了的符号与文字软件会进行标红处理且无法确定。根据上述曼宁公式"k"取国际单位值 1,考虑到现场管网为混凝土管网,则"n"值取 0.012。表达式就可以表达为:$Q=(1/0.012) \times \pi \times (R)^2 \times (R/2)^{(2/3)} \times (坡度)^{(1/2)}$。表达式按照格式如图 10-41 所示。(起点中心线高程 - 起点管道内底高程)表示管网的半径 R,SQRT 表示返回正数的平方根。

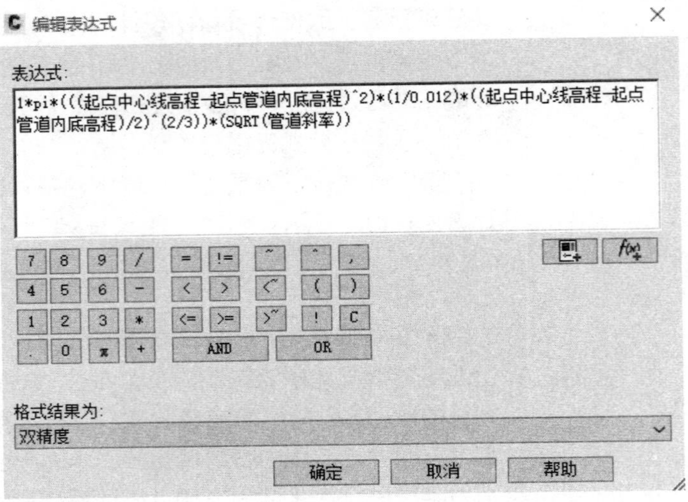

图 10-41 流量表达式

（10）创建流量标签样式

表达式创建完成之后,在标签样式集创建具体相关标签即可,标签是软件对不同模型的不同表现形式,主要作用在于同一个模型有不同的标注方式,以适应各个地方标注的差异。比如在进行道路设计时,国内工程制图均是采用 ZY、QZ、YZ 点对路线进行标注,如果采用软件默认标签,将不会和国内工程制图一致。需要显示什么数据,就在文本部件编辑器输入相关数据,标签样式生成器右边将会生成预览模式,以便及时查看标注样式,如图 10-43 所示。一旦在管网零件特性设置此标签,则管网平面图将会显示此标签样式,如图 10-44 所示。这里有两点需要注意,一点是如果在想要的纵断面视图显示标签,需要先生成管网零件纵断面视图。另一点是有些数据没有表达式,需要进行创建,比如之前并没有创建流量表达式,则在文本编辑器特性里面是无法找到流量表达式。因之前已经设置好流量表达式,找准对应流量表达式名称,添加进去即可,创建好的标签数据,如图 10-42 所示,注记到已创建好的管网三维模型,就可以非常清楚地观察管网的基础数据,根据实际工程的不同,显示的数据也不同。

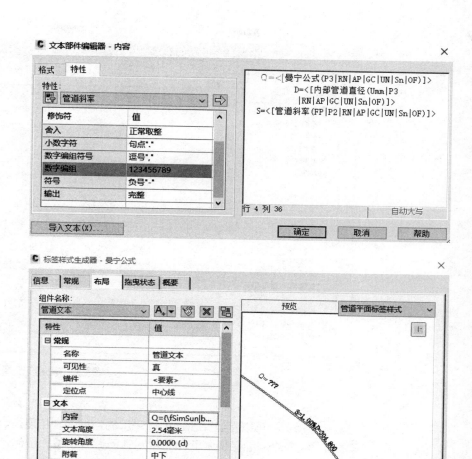

图 10-42 流量标签设置

图 10-43 流量标签预览

$$Q=0.003$$
$$D=80.000 \qquad S=1.00\%$$

图 10-44 管网标签显示

（11）管网网络优化

管网设计好，就只需要对管网特性进行调整以达到设计要求即可，Civil 3D 为我们提供了比较丰富的管网特性设置，可以非常方便的修改管网结构的几何图形属性，例如水力学计算属性，调整管网零件数据等，如

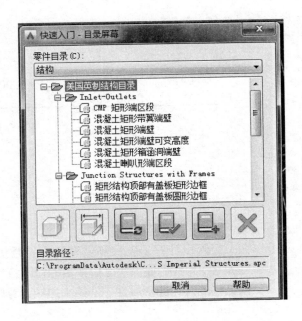

图 10-45 管网特性

图 10-45。还可以查看此管道设计采用的何种规则和是否满足规则要求。考虑到之前已经在纵断面和横断面视图中对管网进行定位，操作管网特性的时候我们主要操作放在管网核算、管网零件调整上面。从管道特性上面可以非常清楚的看出官网的基本数据，与设计管网数据能一目了然地做出对比。同时针对始终无法满足设计要求的管道，考虑使用零件目录（如图 10-46）来创建和修改零件族以及各个零件尺寸，来使管网网络结构与排水达到最优配置比。

图 10-46 零件目录

（12）管网网络智能分析

在管网结构和网络创建完成之后，还需要对整个网络进行分析，这里分析有两层含义，一层是通过三维模型发现平面图纸难以发现的错误，比如管道碰撞，在二维图纸中很难发现，但是在三维空间就能很直观地发现问题。另外一层含义就是设计图纸是否违反了相关的管网设计规则，在之前工程师们想发现设计问题，对于文字的错误还可以对照规范进行改正，但是对于路线或者管网线性的错误就很困难了。在这里就能充分发挥软件的智能性，具体分析与操作如下：

①管网规则：

软件为用户提供了管网规则接口，Civil 3D 可以根据实际工程的需要来定制管网设计规则，任何了解管网设计规则的人均可以自己编制适应工程的规则，然后导入软件中，让管网以此规则设计或者通过定制的规则来检查管网是否满足规则要求，如图 10-47 所示。只要将规则应用于零件后，那么在接下来的管网设计中就会以此规则进行设计。

由于违反规则软件会出现警告，具体的违反信息将显示在管道特性。状态栏上也会显示具体的问题以便与前面的规则值进行对比。在"管道特性"面板上还可以直接修改规则，通过调整规则来满足实际工作需求；全面提高设计人员工作效率和准确性。

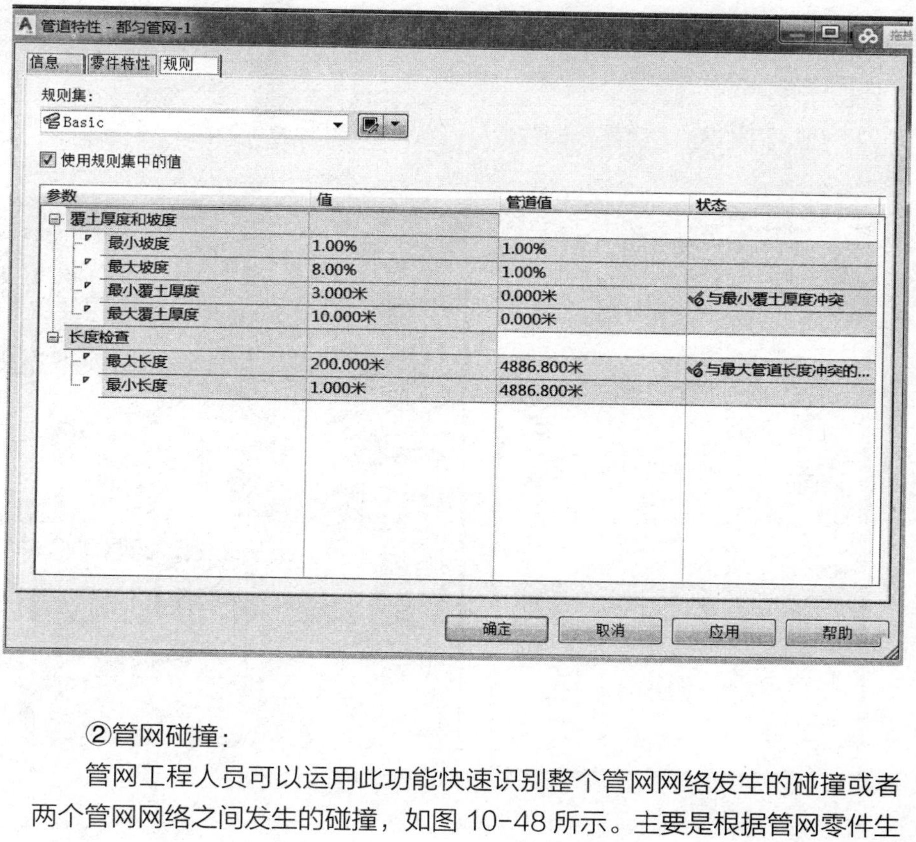

图 10-47　管网规则检查

②管网碰撞：

管网工程人员可以运用此功能快速识别整个管网网络发生的碰撞或者两个管网网络之间发生的碰撞，如图 10-48 所示。主要是根据管网零件生成的实际三维模型来检查碰撞。可以运行碰撞检查来识别两管网零件的空间位置是否相交。在这里如果管道网络不复杂，就可以直接在三维视图中查看碰撞，比较方便快捷。如果是较为复杂的管网网络，那就可以通过创建碰撞检查对话框来检查碰撞。在三维碰撞检查对话框中可以设置三维近似检查规则，如图 10-49 所示，这个含义就是，在两个管道合理距离范围值内，它们可以靠近的最小距离。

在整个碰撞检查过程中，需要事先在平、纵、横视图中进行观察是否能直接发现问题，然后再进行碰撞检查，如图 10-50 所示，这样做的好处是方便我们直接发现问题直接进行调整，因为在进行碰撞检查之后还是需要去平、纵、横视图中查找具体碰撞位置。

图 10-48　碰撞检查（三维视图）

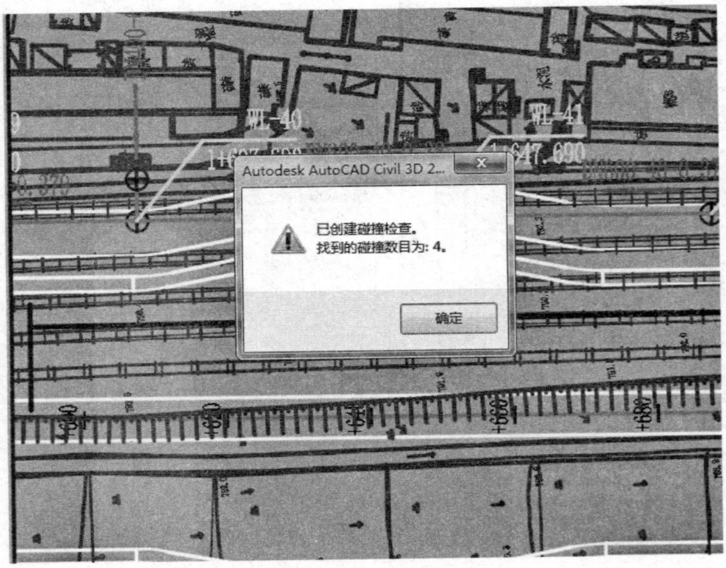

图 10-49　碰撞规则设定（左）
图 10-50　碰撞检查结果（右）

根据项目工作情况汇报仅管道规则和三维碰撞分析，就为业主发现管网设计问题 7 起、优化设计问题 1 起，增加工程效益 50 万左右。具体情况，见表 10-3、表 10-4。

碰撞问题清单

表 10-3

序号	管网桩号	问题	人工节约天数（d）
1	ZK1+727.693	与原有管线碰撞	3
2	YK2+635.859	与原有管线碰撞	2
3	ZK2+479.578	与原有管线碰撞	2
4	ZK2+645.273	与原有管线碰撞	3
5	YK3+265.157	与原有管线碰撞	2
6	YK3+245.215	与原有管线碰撞	3
7	ZK2+047.680	设计管网相撞	6

优化问题清单

表 10-4

序号	优化问题	优化前	优化后
1	平面布局优化	管径与埋深不合理	在确定管径下，管径与埋深取得最优配置
2	平面布局优化	管网长度总体长度达到 12.6km 才能满足排水要求	经过软件计算分析 11km 的管网即满足要求

（13）曼宁系数修改

曼宁系数 n 根据不同管道材质系数是不一样的，那么在 InfraWorks 中如何进行对不同 n 进行设置，如图 10-51 所示。这就需要找到相关设置文本，该文本一般存储在 C:\ProgramData\Autodesk\InfraWorks\Resources\Standards\Drainage\Common\Rules，如果第一次安装 InfraWorks 时，将 InfraWorks 安装在 C 盘，那么后续 InfraWorks 又安

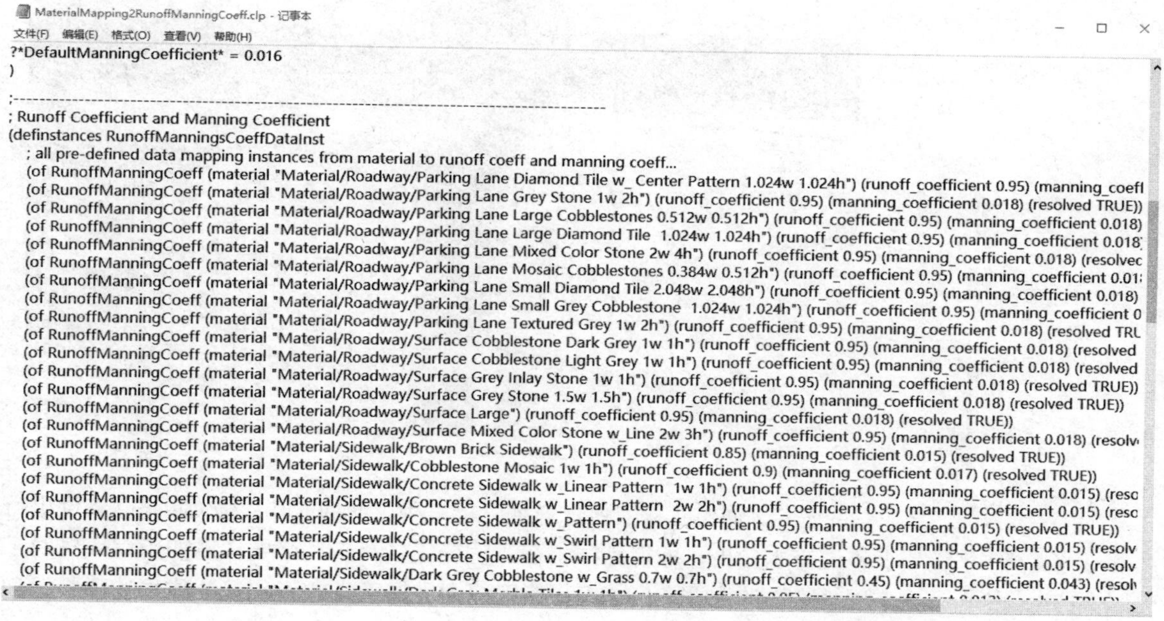

图 10-51　曼宁系数编辑

装在其他盘后，该文件依然在 C 盘。找到这个文件后，就可以找到 MaterialMapping2RunoffManningCoeff 文件，然后选择打开方式为文本。然后翻到径流系数和配水系数这里进行设置。这里有两种设置方式，一种是直接修改，另外一种就是在后面添加新的格式。如果直接修改就只需要找出相应的类型进行修改即可，比如 Material/Roadway/Parking Lane Large Cobblestones 代表的就是物料 / 行车道 / 停车道大鹅卵石材质的时候设置为 0.018 且结果为真。这里把 0.018 修正后保存即可。如果需要进行添加那么就需要后面重新添加一列进行编辑然后按照相同的格式进行设置。如果操作者自行设置的时候那么设置的问题就较多。因为这里需要先区分这些材质属于哪一大类。然后设置径流系数曼宁系数，在文件最后给出相应的格式模板

all user-defined data mapping could be put here...
（of RunoffManningCoeff（material "Sample Material"）
（runoff_coefficient 0.0）（manning_coefficient 0.0）（resolved TRUE））

所有用户定义的数据映射都可以放在这里，单独进行设置的数据映射均可以放在这里，后面表述的就是模板。比如；（of RunoffManningCoeff（material "Sample Material"）（runoff_coefficient 1.0）（manning_coefficient 1.0）（resolved TRUE））然后保存就设置完成了，后续还要添加就把 material "Sample Material" 进行修改即可。

（14）InfraWorks 进行整合

将已经完全分析好的管网导入 InfraWorks 进行性能优化和处理，再根据优化的结果进行不断的调整，如图 10-52 所示。

图 10-52　道路地下管网

总结：通过工程实例，详细分析采用 InfraWorks 和 Civil3D 软件进行隧道排水分析，取得结果，在工程施工中有应用必要，增加工程人员对工程前瞻性的把握。Civil 3D 使工程人员的工作效率和设计成果的质量得到

本质上的提升，同时因为软件主要针对市政管网进行研究与分析，在应用过程和结果方面均存在不适用，需要进一步进行研究与探索。

6. 边坡开挖

利用 Civil 3D 进行路基模型建立，首先，根据路线中心线，纵断面横断面，可以十分快速地进行道路三维模型创建，对土石方进行计算，土石方成本计算等。同时可以导入 InfraWorks 中进行涵洞、边坡优化等设计。同时根据土方调配图，对路基土石方运距进行合理分析和控制，进而对土石方成本起到很好的降本增效。考虑到全线路基段落较多，以代表性较为突出的 YK22+670-YK23+00 这一段路基进行 BIM 分析研究应用，如图 10-53 ~ 图 10-56 所示。

图 10-53　路基平面图

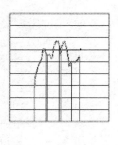

图 10-54　根据路线平、纵、
横生成道路模型（部分）

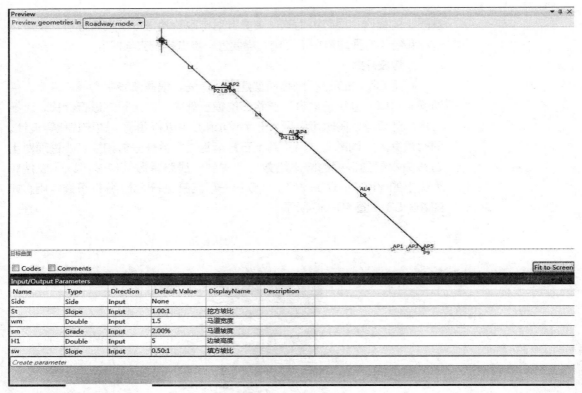

图 10-55 道路多级边坡

公路边坡施工是公路施工的难点，传统施工方法是根据测量数据对边坡坡度、开挖量进行把控，往往因为岩层或者刷坡方式的不同而造成工程量偏大，施工过程困难，为后续工程施工制造麻烦。通过 Civil 3D 中创建多级边坡模型，进行三维可视化交底，对刷坡坡度、刷坡土石方进行控制。

总结：利用 BIM 软件对施工便道进行动态化管理，对施工便道土石方开挖进行合理的土石方成本分析，如图 10-57 所示，同时将确定的施工便道导入到 InfraWorks 中进行施工便道优化、土方搬运计划等方案实施。

图 10-56 道路多级边坡导入
显示

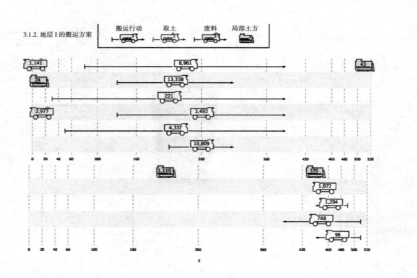

图 10-57 土方运输图

10.5　桥梁优化

　　利用 Autodesk Civil 3D 对桥梁地形进行处理，确定承台、桩基、曲线位置，考虑到 Civil 3D 无法对桥梁进行桩基建模，如图 10-58 所示。这里采用导入 Autodesk revit 中确定桥梁中心线，如图 10-59 所示，调整桥梁桥面标高。对桥梁上部结构进行建模，承台和桩基参数化族进行建模，大致模型建立后，再插入钢筋，进行细部位置的调整。导入 InfraWorks 进行桥梁优化，如图 10-60 所示。

图 10-58　桩基族库（上）
图 10-59　Revit 创建桥梁模型（下）

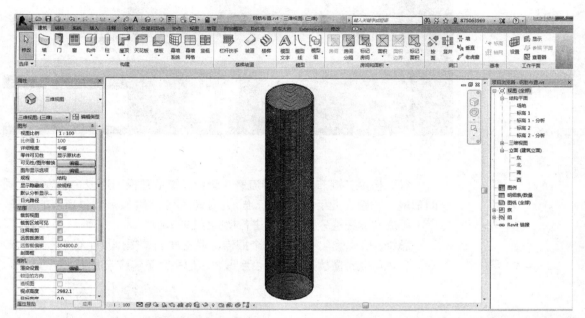

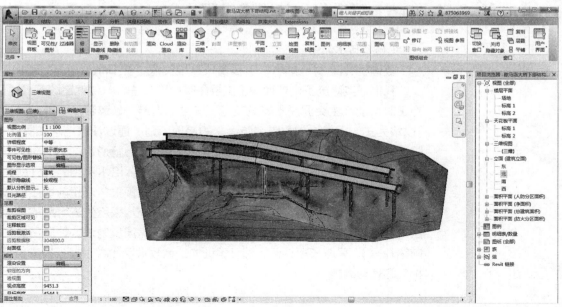

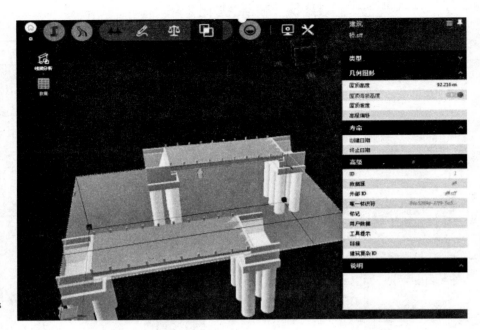

图 10-60 InfraWorks
进行分析

  针对桥梁关键节点比如导流墩、承台等进行建模，形成企业族库，同时形成一整套企业桥梁 BIM 标准，为公司后续 BIM 发展提供良好的保障。

  根据桥梁线性分析报告，进行桥梁结构的调整。

  总结：桥梁优化不仅是一个报告，最主要的是根据这个报告一个非专业人员也可以看懂桥梁结构是否合理，这也是为了响应 BIM 的特点。

10.6 隧道优化与通道工程

1. 隧道排水优化

  隧道优化主要是排水、工程量、三维交底，在 InfraWorks 应用就较少。我们在实际施工中处理涌水主要是有两种方法，一种就是地下水发育，施工时可能产生突泥涌水等危及施工安全的岩溶、破碎带发育地段，采取"以堵为主，限量排放，防突防涌"的治理原则，通过注浆堵水加固围岩，防止突泥突水，确保施工安全。施工中揭示的岩溶管道水、暗河时，在不影响地表环境的前提下，采取"疏导引排水为主"治水原则。另外就是积极发挥超前地质预报作用，施工时加强超前地质预报，把超前地质预报纳入施工工序管理，建立完善的超前地质预报系统，采用先进可靠的预报方法（TSP203 地震波法、红外线探水仪、水平声波反射法、地质雷达和超前钻孔等），采取长短结合、相互验证的综合预报手段，根据预报成果采取相应的处理措施。

（1）工程概况

某隧道为分离式隧道，地处山岭地段，现场施工条件恶劣，特别是排水环境复杂，同时该隧道出口为"K26+480～K27+109"段，涌水量达18716m³/d，如何有效、最低成本的进行排水工作，是本隧道施工必须解决的难点。

（2）隧道排水实际情况

反坡排水方案：

洞湾隧道采用2个施工队伍同时从两端同时向中间施工，出口端施工为反坡施工。

在洞湾隧道的施工过程中要依据涌突水的实际状况来对具体的实施设备进行选择，根据实际图纸，洞湾隧道涌水量为一天11万 m³，按设计图纸的20%考虑，其涌水量每天达到了2.2万 m³，在搭建反坡式排水泵站的时候应该采用钢管进行实际的安装。同时还要对排水管道的使用材料以及水头材料给予充分的考虑，因为不同量度的涌水产生的压强是不同的，而如果对于不同的水流量采取同样的反坡式排水技术材料，则不能起到良好的排水作用，同时还会由于材料厚度以及质量等方面的选择不当引起反坡式排水过程中的安全隐患。除此之外在依据不同的涌突水流量，选择了合适的材料进而搭建排水泵站之后，还要对这些水泵进行安全保管，配备相关人员对其进行专门的看护，进而保证搭建好的泵站不会出现损坏情况。

洞湾隧道建立相应的排水系统，而这种排水系统主要是针对集水坑以及泵站之间的排水管路来讲的，具体来说在集水坑方面应该依据具体的掌子面大小以及涌突水的具体位置，集水坑的大小设置长为50m左右，宽为2.5m左右，在深2m左右，容量为250m³。同时在开挖集水坑的时候还要与拱角保持一定的距离，以免引起拱角下沉进而产生施工危险。

这里采用多大的抽水机和管道是需要工程技术人员考虑的，但是采用BIM技术可以进行先前模拟，得出管网与抽水机、涌水量之间的关系。

（3）隧道工程排水 BIM 应用

首先，创建地形曲面，以隧道掌子面涌水为进水口，曲面分析的最低汇水点为出水口，在两者之间铺设管道，在对管道零件进行对比设计，找出最优设计管道铺设直径、坡度等基础数据确定最终路径，导入 InfraWorks 中进行性能分析，根据性能分析再调整排水管道。

（4）隧道洞口确定。为了确保隧道洞口准确，一方面采用隧道里程桩号进行洞口位置确定；另一方面参照设计图纸，通过计算隧道边仰坡土石方开挖量进行土石方量核对确定洞口位置。这两方面基本上满足所需要的分析精度。平曲线输入：创建隧道平曲线。纵断面确定：创建隧道曲面纵断面和设计纵断面，均可以直接导入生成。横断面设计：部件编辑器制作隧道横断面和道路横断面，导入 Civil 3D，根据道路里程横断面的不同创建隧道模型和道路模型，如图 10-61 所示。洞口位置确定：根据隧道里程桩号即可确定隧道洞门位置，如图 10-62 所示。

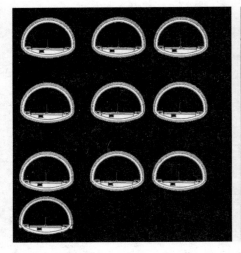

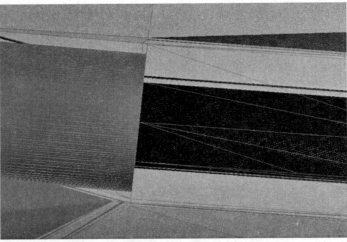

图 10-61 隧道横断面制作
（左）
图 10-62 隧道洞口确定（右）

（5）曲面排水分析

曲面分析。Civil 3D 对地形曲面有强大的分析功能，同时提供了许多功能执行与曲面相关的多种类型分析，在进行排水分析之前进行曲面分析，主要是对整个场区进行大致的了解，以方便进行排水分析得出较正确的数据，比如本来高程分析这里是最高点，却发现水还往这边汇聚，就是明显错误。流水分析。流水分析要找到地形地貌最低的汇水点，作为管道出水口。先进行流域分析，如图 10-63、图 10-64 所示，流域分析会把整个曲面的面积进行分析并且划分区域。再进行汇水分析，进一步对汇水点进行分析，在进行汇水分析时可以设定管网出水口。最后进行跌水分析，跌水分析就是要找到最低的汇水点，最低的汇水点就可以作为管网的出水口，如图 10-65 所示，在图中可以清晰地看出流水路径集中在某一点。

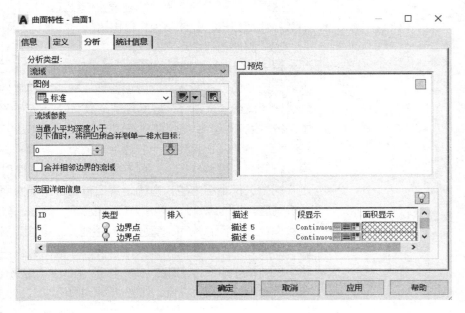

图 10-63 流域分析

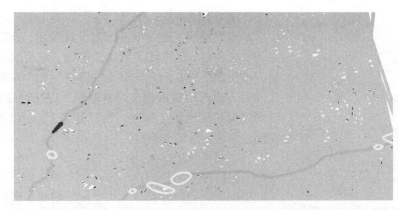

图 10-64　流域分析二

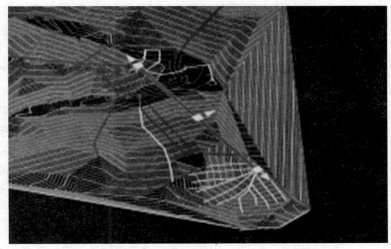

图 10-65　管道设置

2. 隧道工程量计算

　　利用 Civil 3D 可以将隧道模型创建出来后，出具每延米工程量，方便工程管理人员进行管理，如图 10-66 所示。

图 10-66　隧道模型

3. 通道工程

本项目涵洞工程为钢筋混凝土盖板涵、钢筋混凝土盖板涵通道。基坑采用机械开挖，人工配合整修。基础、墙身混凝土采用钢管支架、大块组合钢模浇筑。涵洞所用混凝土在拌合站集中拌合，混凝土输送车运送至各工点，入模后机械振捣成型并养护。钢筋混凝土盖板在预制场集中预制，汽车起重机配合人工安装，台背回填采用小型夯实机械夯实。砌体工程，采用坐浆法分层错缝组砌。

（1）传统施工方法

①基坑开挖：

采用挖掘机开挖基坑，人工配合整修，同时做好基坑排水工作。基坑开挖至设计基底标高后，及时检测基底承载力，满足要求后，进行基础施工。如基底承载力达不到设计要求，应进行基底处理。

②钢筋混凝土盖板涵：

钢筋混凝土盖板涵基础及墙体均采用大块钢模拼装，钢管脚手架支撑，混凝土在拌合站集中拌合，混凝土运输车运输，机械振捣，以草袋覆盖浇水养护，沉降缝宽 1 ~ 2cm，用沥青麻絮填塞；钢筋混凝土盖板在预制场内集中预制，运输至各工点采用汽车式起重机安装就位。

③沉降缝及防水层：

涵洞沉降缝的道数、缝宽和位置按设计图纸所示或监理工程师的指示设置，缝内用沥青麻絮填塞，防水层在填土前按设计及规范要求进行施工。

④附属工程：

进、出口与原沟槽连接顺适，流水畅通；帽石及八字墙平直、无翘曲。当盖板混凝土强度达到要求时，进行台背的填土作业。填土时从涵洞两侧同时采用设计规定的填料水平对称回填，并采用小型夯实机具进行夯实至规定的压实度。

而利用 BIM 技术可以对上述的工艺进行模拟、出具材料清单而在 InfraWorks 中只能对涵洞进行优化分析。优化分析能确定涵洞的性能和位置，然后在采用 BIM 技术应用点对施工工艺流程进行优化。只要明白传统的施工工艺，才好对其进行优化。

（2）BIM 施工方法

①涵洞位置确定：

在 civil 3D 中确定涵洞位置坐标，然后在 InfraWorks 中通过坐标确定涵洞位置，如图 10-67 所示。

②涵洞参数化：

可以针对涵洞长度、入口管道内底高程、出口管道内底高程等进行参数化管理。

③涵洞分析结果：

针对地形、降雨量等进行分析，得出涵洞基本参数、设计流量等资料，进一步整理形成完整的工程水文资料。

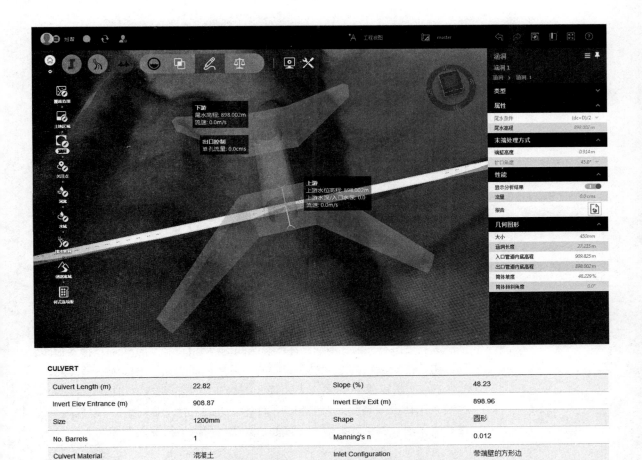

CULVERT

Culvert Length (m)	22.82	Slope (%)	48.23
Invert Elev Entrance (m)	908.87	Invert Elev Exit (m)	898.96
Size	1200mm	Shape	圆形
No. Barrels	1	Manning's n	0.012
Culvert Material	混凝土	Inlet Configuration	带端壁的方形边

CALCULATION

Design Flow (cms)	45.00	Flow per Barrel (cms)	45.00
Tailwater Condition	(dc+D)/2	Tailwater Elev (m)	900.18
Velocity Up (m/s)	38.55	Velocity Down (m/s)	38.55
HGL Up (m)	923.81	HGL Down (m)	900.18
Headwater Elev (m)	1103.40	Hw/D	159.55
Flow Regime	Inlet Control		

EMBANKMENT

Top Elevation (m)	1103.40	Top Width (m)	30.00

图 10-67 涵洞优化（上）
图 10-68 涵洞优化（下）

④物资管控：

针对已经做好的涵洞 BIM 模型如图 10-68 所示，可以出具每一个工艺流程所需要的物资数量或者一个检验批的物资数量。将数量提交给物资部方便物资部进行该项工程物资管理。也可以提交给科技部做施工方案的模拟。

⑤进度管理：

根据涵洞 BIM 模型导出相关进度安排，制作流水节拍，绘制网络图（有的软件可以将横道图直接转换成网络图）。结合 BIM 模型进度图进行进度优化。优化后的进度和材料相结合。就可以形成 5D 模拟。出具物资、材料清单。

⑥方案模拟：

涵洞施工会涉及多个方案模拟，这里只需要在计算机上面进行模拟，就能明白混凝土车在哪里浇筑混凝土最方便，而且在结构刚刚做的时候，可以对涵洞进行受力分析，分析混凝土浇筑涵洞受力情况。做好模板支架的搭设与加固。

⑦三维渲染：

因为 BIM 模型是三维的，加上所属材质就可以直接开展三维渲染，同时，在 Revit 里面还可以创建可视化交底，加入钢筋和混凝土。即完美地展示出可视化交底。这样不会出现现场交底流于形式，更重要的是现在模型都导入到现场施工管理员的 APP 中，可以随时查看，发现现场出现的问题可以马上指出，并且马上调出三维模型指导工人进行施工。

在渲染方面除了宣传，还有一点就是，在进度模拟的同时，也可以对外部渲染材质进行模拟。如果隧道具有防火材质那么就可以选择涂抹不同的防火材质进行模拟，特别是在钢混结构工程里面，因为防火涂料很多很厚，所以进行防火涂料的渲染是很重要的，只是在通道工程中作用不是很大。

总结：根据优化结果，大大降低了专业人士的要求，可以让专业人士将需求用在更多需要人为参加的工作中。而且利用 BIM 技术可以提高前瞻性，除了渲染展示效果居多，其他方面都是可以进行深入应用的。

参考文献

[1] 徐勇戈，孔凡楼，高志坚编著 . BIM 概论 [M]. 西安 : 西安交通大学出版社 . 2016.

[2] 刘帮，刘建军，朱国亚 . 浅淡 Inforworks 在桥梁 BIM 技术的应用 [J]. 石家庄铁路职业技
术学院学报，2019，18（04）: 75-79.

[3] 刘帮，刘建军，杨涛，沈永桥，朱国亚 . BIM 协同技术在施工便道设计中的应用 [J]. 工程
建设，2019，51（02）: 36-39.

[4] 刘帮，刘建军，杨涛，张凌国，张树理 . 基于 Inforworks 在公路交通模拟中的研究应用 [J].
智能建筑与智慧城市，2018（09）: 54-55+62.

[5] 刘帮，刘建军，杨涛，张凌国，张树理 . 基于 Civil 3D 在隧道排水的解决方案 [J]. 工程技
术研究，2018（07）: 10-12.

后　记

　　经过大半年的准备，终于写下这本书，期间面对无数的困难，还好一路走到最后。该书主要是面向基础设施 BIM 教程，因为笔者任职于施工企业，所以该书内容偏向于实际的施工 BIM。本书从最开始介绍 BIM 特性，然后按照 InfraWorks 界面、各项功能的顺序进行逐步介绍。InfraWorks 的功能对前期规划设计具有很强大的功能，在后续阶段的应用，不能说完全没有用，只能说该功能进一步弱化。这也是从一个方面说明 BIM 发展方向越来越向着 BIM 协同管理平台综合系统进行发展，后面应用软件将会越来越少。所以在第一课中加入 InfraWorks 这个小平台和 BIM 协同管理平台的相关介绍，目的就是为了让读者明白，单个软件应用会越来越少，随着国家对信息技术的发展，后面将会越来越多采用 BIM 协同管理平台应用步伐。而对于工程技术人员的要求也会不断提高。会越来越需要复合型技术人才，而不是懂 BIM 不懂技术，或者懂技术不懂 BIM 的人。

　　随着本书内容的慢慢深入，愈加感觉自己对知识的贮备过少，其中也查阅了许多相关专业知识，但是始终怕因为自己的专业知识过差误导读者，在后续的工程应用中自身将会加强 BIM 技术在基础设施、工业与民用建筑项目施工阶段的应用。为推动 BIM 技术的发展做出努力。